FORSCHUNGSBERICHTE DES LANDES NORDRHEIN-WESTFALEN

Nr. 1191

Herausgegeben
im Auftrage des Ministerpräsidenten Dr. Franz Meyers
von Staatssekretär Professor Dr. h. c. Dr. E. h. Leo Brandt

DK 621.742.4:666.32

Prof. Dr.-Ing. habil. Anton Königer †

Dr.-Ing. Manfred Odendahl

Eberhard Pahl

Institut für Gießereikunde der Technischen Universität Berlin

im Auftrage des Vereins Deutscher Gießereifachleute Düsseldorf

Über die Bildsamkeit von tongebundenen Formsanden

WESTDEUTSCHER VERLAG · KÖLN UND OPLADEN 1963

ISBN 978-3-663-06431-2 ISBN 978-3-663-07344-4 (eBook)
DOI 10.1007/978-3-663-07344-4

Verlags-Nr. 011191

Gesamtherstellung: Westdeutscher Verlag

Inhalt

1. Einleitung 7
   1.1 Standfestigkeit 7
   1.2 Gasdurchlässigkeit 7
   1.3 Feuerbeständigkeit 7
   1.4 Die Bildsamkeit 8

2. Aufstellung einer Definition für die Bildsamkeit von Formstoffen allgemein 10

3. Spezielle Anwendung der Definition auf tongebundene Grünsande 14
   3.1 Entwicklung einer Meßgröße 14
   3.2 Entwicklung eines Prüfverfahrens 14

4. Praktische Versuche 20
   4.1 Versuchsprogramm 20
   4.2 Versuchsdurchführung 20
   4.3 Versuchsergebnisse 22

5. Kritik am Prüfverfahren auf Grund der Versuchsergebnisse 31

6. Zusammenfassung 32

7. Literaturverzeichnis 33

1. Einleitung

Als Formstoffe bezeichnet man in der Gießerei diejenigen Materialien, die zur Herstellung einmalig verwendeter Formen dienen. Sie bestehen hauptsächlich aus zwei Komponenten, einer feuerfesten Grundmasse und einem geeigneten Binder. Den Beanspruchungen beim Formen und Gießen gegenüber sollen Formstoffe vier Grundeigenschaften aufweisen: Standfestigkeit, Gasdurchlässigkeit, Feuerbeständigkeit und Bildsamkeit [1].

1.1 Standfestigkeit

Unter Standfestigkeit versteht man den Widerstand von Formen und Kernen gegen leichte Stöße und die Beanspruchungen beim Gießen. In der Praxis werden Druck-, Zug- und Biegefestigkeiten nach DIN 52401 auf ein und derselben Apparatur gemessen und in p/cm^2 angegeben [2].

1.2 Gasdurchlässigkeit

Beim Abgießen einer Form müssen verschiedene Gase abgeführt werden: Einmal die Luft, die vor dem Abguß den Formhohlraum und die Poren des Formstoffes ausfüllt und sich bei Temperaturerhöhung erheblich ausdehnt. Zum anderen entsteht bei Naßgußformen ein großer Wasserdampfanteil aus dem Formsand. Dazu treten noch verschiedenartige Gase durch die Reaktion zwischen Form und Gießmetall auf [3]. Zum Gelingen eines einwandfreien Abgusses darf eine Form der Summe dieser Gase nur einen geringen Durchfließwiderstand entgegensetzen. Die Gasdurchlässigkeit wird nach DIN 52401 [2] definiert und geprüft.

1.3 Feuerbeständigkeit

Unter Feuerbeständigkeit versteht der Gießer den Widerstand eines Formstoffes gegen das Versintern, Zusammenfritten oder Ausschmelzen von Korn und Binder unter dem Einfluß der Gießtemperatur und durch die Reaktion zwischen Formstoff und den Oxyden und Schlacken des Gießmetalls. Ein solches Versintern oder Anbrennen des Sandes ergibt eine schlechte Gußstückoberfläche und erhöht die Putz- und Bearbeitungskosten. Die Prüfung auf Feuerfestigkeit erfolgt am einfachsten durch Erhitzen einer Probe bis zu der Temperatur, bei der Sintererscheinungen mit Hilfe eines Mikroskopes zu erkennen sind. Eine derartige Bestimmung der Sintertemperatur berücksichtigt jedoch nicht den Einfluß der Reaktionen zwischen Gießmetall und Formsand [4]. Trotzdem wird dieses Verfahren im praktischen Betrieb mit Erfolg angewendet.

1.4 Die Bildsamkeit

Im Gegensatz zu den vorgenannten Eigenschaften ist die Bildsamkeit von Formstoffen begrifflich nicht fest umrissen. Nach FETTWEISS und FREDE [1] gilt ein Formsand als bildsam, wenn er sich durch Verdichten bilden und formen läßt.

LUDGER und FREDE [5] geben für die Bildsamkeit von Werkstoffen ganz allgemein folgende Definition an: »Bildsamkeit (Plastizität) ist die Eigenschaft eines Werkstoffes, seine Form zu behalten, die ihm ohne Spanabnahme durch eine äußere Kraft aufgezwungen wurde.«
Eine andere Begriffsbestimmung vertritt F. ROLL [6], indem er schreibt: »Formgerechter Zustand und Bildsamkeit der Formsande sind einander gleichzusetzen. Der formgerechte Zustand hat als Voraussetzung: geeignete Zusammensetzung des Formstoffes, daraus folgt: eine geeignete Verformbarkeit, ein bestimmter Wasserzusatz, eine bestimmte Aufbereitung und eine geeignete Verdichtung.«

R. W. MÜLLER [7] beschreibt diesen bildsamen Zustand folgendermaßen: »Ein bildsamer Formsand muß sich in eine Form drücken lassen, ohne hierbei zu zerfallen. Die hergestellte Form muß ein bestimmtes Maß an Widerstandsfähigkeit aufweisen, Standfestigkeit genannt.« Er deutet damit eine gewisse Relation zwischen der Bildsamkeit und der oben beschriebenen Eigenschaft der Standfestigkeit an.
Es sei noch der Zusammenhang zwischen Bildsamkeit und der Verdichtung eines Formsandes betrachtet. R. W. MÜLLER [7] sagt: »Die Verdichtung eines Formstoffes in der Form durch Stampfen, Rütteln oder Schleudern beruht auf der Bildsamkeit, wobei die Bindefestigkeit und die Standfestigkeit eine große Rolle spielen.«
Zuletzt soll noch eine Definition aus der keramischen Industrie erwähnt werden. In seinem Buch ‚La silice et les silicates' beschreibt LE CHATELIER [8] die Bildsamkeit eines Tones auf folgende Weise: »Die Bildsamkeit des Tones ist an sich keine meßbare Eigenschaft. Sie ist aber aus zwei Faktoren zusammengesetzt, deren jeder für sich der Messung zugänglich ist, nämlich einerseits der Größe der Deformation, der die Masse ausgesetzt werden kann, ohne zu zerbrechen, andererseits dem Widerstand, den sie der Deformation entgegensetzt.«
Die aufgezeigten Beispiele zeigen, daß die Definitionen des Begriffes Bildsamkeit unterschiedlich sind. So ist es verständlich, daß auch eine allgemeine gültige Meßgröße für diese Eigenschaft fehlt. Zur direkten Ermittlung der Bildsamkeit dient in der Praxis die allgemein bekannte individuelle Handprobe [6], [9], deren Anwendung beim Einstellen des formgerechten Wassergehaltes von Formsand-

mischungen eine Berechtigung haben mag, aber für Vergleiche im Schrifttum unbrauchbar ist.

In der Literatur werden an Stelle der etwas mysteriösen ‚Bildsamkeit' gewöhnlich fest umrissene Eigenschaften zur Charakterisierung eines Formstoffes angegeben, wie: Festigkeit, Fließvermögen, Verdichtbarkeit, Verformbarkeit oder plastische Dehnung, die wesentlich bessere Vergleichsmöglichkeiten bieten.

Diese Werte geben selbst in ihrer Gesamtheit nicht die Bildsamkeit direkt wieder, so daß man die Handprobe nicht durch technologische Prüfungen ersetzen kann [10]. F. Roll [6] beschreibt ein Prüfverfahren zur Ermittlung des bildsamen oder formgerechten Zustandes, Objekt der Messung ist dabei die Konturenwiedergabe des untersuchten Sandes. F. Roll findet eine Bewertungsmethode und stellt im Diagramm den gefundenen formgerechten Bereich anderen technologischen Eigenschaften gegenüber.

Es soll hier versucht werden, das Wesen der Bildsamkeit für einige Formstoffgruppen, insbesondere Formsand, aufzuzeigen und daraus eine allgemein gültige Definition zu entwickeln.

Ziel dieser Arbeit ist es, die Bildsamkeit als direkt oder indirekt meßbare Größe darzustellen und nach Überprüfung der Versuchsergebnisse eine einfache Prüfmethode vorzuschlagen.

2. Aufstellung einer Definition für die Bildsamkeit von Formstoffen allgemein

Es wurde zunächst festgestellt, daß die oben aufgezählten Definitionen der Bildsamkeit sehr unterschiedlich sind. Das liegt vor allem daran, daß die einzelnen Verfasser verschiedenartige Formstoffe unterschiedlicher Formgebungsmechanismen betrachten. So definieren LUDGER und FREDE [5] ebenso wie LE CHATELIER [8] ihre Bildsamkeit für rein plastische Stoffe und setzen Bildsamkeit gleich Plastizität. R. W. MÜLLER [7] und F. ROLL [6] dagegen beziehen sich in ihren Definitionen auf Formsand und setzen die Verdichtung und die Standfestigkeit mit der Bildsamkeit in Beziehung.

Von den plastischen Materialien fordert man zur Formgebung allgemein zwei Grundeigenschaften: Eine große Verformbarkeit und eine ausreichende Widerstandsfähigkeit des gebildeten Gegenstandes [8]. Leicht bewegliche Flüssigkeiten lassen sich schon durch ihr Eigengewicht in kompliziert geformte Gefäße gießen und geben die gewünschten Konturen sehr genau wieder. Sie sind aber nicht als Formstoff geeignet, da sie die ihnen aufgezwungene Gestalt nach dem Entfernen einer stützenden Hülle nicht beibehalten. Bildsame Stoffe hingegen besitzen die Eigenschaft, eine ihnen auf Grund ihrer Verformbarkeit durch äußere Kraft gegebene Form der erforderlichen Beanspruchung gegenüber beizubehalten.

Über die Größe der Beanspruchungen wird dabei nichts ausgesagt. Es gibt Formstoffe, die nach ihrer Verformung gerade noch ‚stehen', d. h. die nicht in sich zusammensinken; es gibt aber auch solche, die eine erhebliche Tragfähigkeit aufweisen. Die Bildsamkeit eines plastischen Stoffes ist demnach groß, wenn sich dieser in einem hohen Grade verformen läßt, ohne aufzureißen und nach der Verformung eine große Formbeständigkeit besitzt.

Charakteristisch für die meisten plastischen Materialien ist, daß sie während oder nach der Formgebung keine Festigkeitszunahme erfahren. Zur Verformung des gebildeten Gegenstandes sind die gleichen Kräfte anzusetzen wie zur Formgebung des Ausgangsstoffes. Ein Maß für die Verformbarkeit $V_{\Delta l}$ eines Körpers soll die relative Verformung $\frac{\Delta l}{l}$ sein, die unter der Einwirkung einer bestimmten Kraft P pro Flächeneinheit hervorgerufen wird.

$$V_{\Delta l} = \frac{\frac{\Delta_l}{l}}{P} \left[\frac{cm^2}{p}\right]$$

wobei l die Ausgangslänge des Prüfkörpers und Δl die Längenänderung bei der Verformung bedeuten.

Die Festigkeit $\sigma_{\Delta l}$, d. h. der Widerstand eines verformbaren Stoffes gegen die Verformung läßt als Quotient:

$$\sigma_{\Delta l} = \frac{P'}{\frac{\Delta l}{l}} \left[\frac{p}{cm^2}\right]$$

angeben, wobei P′ diejenige Belastung pro Flächeneinheit darstellt, die der Prüfkörper tragen kann, ohne sich mehr als um einen zulässigen Betrag $\frac{\Delta l}{l}$ zu verformen. Vergleicht man die Ausdrücke für die Verformbarkeit $V_{\Delta l}$ und für die Festigkeit $\sigma_{\Delta l}$ miteinander, so zeigt es sich, daß beide Größen einander umgekehrt proportional sind:

$$\sigma_{\Delta l} = \frac{1}{V_{\Delta l}} \cdot A$$

(A = Proportionalitätsfaktor)

So besitzt ein aus einem gut verformbaren Material hergestellter Körper nur eine geringe Festigkeit, während ein solcher aus einem schwer verformbaren Stoff die ihm aufgezwungene Gestalt auch großen Beanspruchungen gegenüber beibehält.
Das gilt jedoch nicht für Metalle, die bei der Verformung eine Festigkeitszunahme unter gleichzeitiger Abnahme ihrer Plastizität zeigen. Ebenso liegen die Kraftverhältnisse anders, wenn plastische Stoffe wie etwa Ton nach erfolgter Formgebung getrocknet oder gebrannt werden.
Bei den Formstoffen in der Gießerei ist jedoch die beschriebene plastische Formgebung von geringer Bedeutung. Die zur Herstellung von Gießformen verwendeten feuerfesten Grundstoffe besitzen selbst keine plastischen Eigenschaften. Um sie bindefähig zu machen, werden sie je nach Verfahren mit plastischen oder nichtplastischen Bindern vermischt.
Die Tab. 1 zeigt eine Zusammenstellung einiger Formstoffe. Aus den angegebenen Bindemitteln und den Formgebungsmechanismen ist zu ersehen, daß bei der Gruppe der Gießereiformstoffe die Plastizität bei der Formgebung eine untergeordnete Rolle spielt.
Zum anderen ist allen Formstoffen der Gießereitechnik gemeinsam, daß der Formstoff zwischen Ausgangszustand und dem Zustand der gießfertigen Form eine erhebliche Verfestigung durchmacht. Mit Erhöhung der Festigkeit nimmt die Verformbarkeit ab (Abb. 1). Daraus ergeben sich für die Brauchbarkeit eines solchen Formstoffes zwei Kriterien: einmal das Maß seiner Verformbarkeit, zum anderen der Wert seiner Endfestigkeit. W. Wegener [10] bezieht sich bei der Beurteilung eines bildsamen Formstoffes ebenfalls auf diese beiden Punkte, indem er schreibt: »Ein Formstoff soll auf möglichst einfache Art in die gewünschte Form gebracht werden. Dann soll der Formstoff durch einen weiteren Prozeß Festigkeit erlangen.«

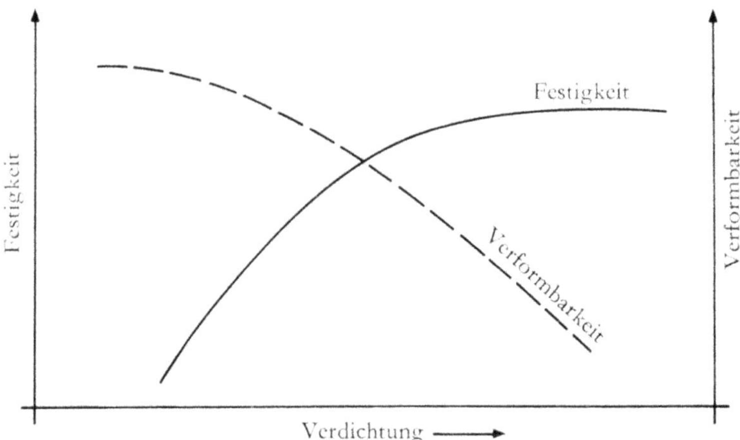

Abb. 1 Abnahme der Verformbarkeit bei der Verfestigung von Formstoffen (schematisch)

Tab. 1 Zusammenstellung einiger ohne Spanabanhme verformbarer Stoffe

Formstoff	Binder	Formgebung durch	Verfestigung durch	bildsam oder nur gut verformbar
Wachs	–	Kneten	keine	verformbar
Wachs	–	Gießen	Erstarren	bildsam
Ton	Wasser	Kneten	keine	verformbar
Ton	Wasser	Kneten	Trocknen, Brennen	bildsam
Metall	–	Walzen, Ziehen, Pressen	Verformung	bildsam
Metall	–	Gießen	Erstarren	bildsam
Gips	Wasser	Gießen	chem. Abbinden	bildsam
Grünsand	Ton	Schütten (Verdichten)	Verdichten	bildsam
Zementsand	Zement	Schütten	chem. Abbinden	bildsam
Croningsand	Kunstharz	Schütten	Polymerisation	bildsam
CO_2-Sand	Wasserglas	Kneten (Verdichten)	chem. Abbinden	bildsam
Ölsand	Öl	Kneten (Verdichten)	Brennen	bildsam
Lehm	Wasser	Kneten	Trocknen, Brennen	bildsam

Aus verschiedenen Überlegungen heraus kann man für die Bildsamkeit eine einheitliche Definition aufstellen, die mit gewissen Einschränkungen für alle Formstoffe, also auch für die plastischen, anwendbar ist.
Danach läßt sich die Bildsamkeit als die Eigenschaft eines Formstoffes beschreiben, sich im Zustand geringer Festigkeit in beliebige Form bringen zu lassen und durch einen gleichzeitigen oder anschließenden Prozeß hohe Festigkeiten zu erlangen.

Bei der Anwendung dieser Definition auf die Formstoffe in der Tab. 1 ergeben sich folgende Besonderheiten:
Die plastischen Formstoffe, die bei oder nach der Verformung keine Verfestigung aufweisen, sind nur als verformbar, jedoch nicht als bildsam anzusehen, während z. B. Metalle, die bei der Formgebung verfestigt werden, bildsam sind, zumal sie ihre ursprüngliche Plastizität verlieren. Ebenso ist ein Ton ohne Trockenprozeß nur als verformbar, ein solcher, der durch Trocknen oder Brennen verfestigt wird, als bildsam zu bezeichnen.
Bei den Gießereiformstoffen liegt ausnahmslos eine echte Bildsamkeit im Sinne obiger Definition vor. Ein Croningsand läßt sich im Ausgangszustand auf Grund seiner Rieselfähigkeit gleich einer Flüssigkeit gut verformen. Nach erfolgter Formgebung erhält er durch den anschließenden ‚Backprozeß' die erforderliche Festigkeit. Beim Zementsandformverfahren erfolgt die Formgebung durch Anlegen der losen Mischung an das Modell. Das Aushärten beginnt nach einiger Zeit mit dem Abbinden des Zements.
Beide Eigenschaften, die leichte Verformbarkeit des Ausgangsmaterials und die Verfestigung der Form, sind auch bei tongebundenen Grünsanden zu unterscheiden, wenn auch Formgebung und Verfestigung nicht mehr als getrennte Prozesse in Erscheinung treten. Eine grobe Formgebung erfolgt schon bei dem Einfüllen des lockeren Sandes in den Formkasten. Die Konturen des eingelegten Modelles werden dabei mehr oder weniger genau wiedergegeben. Bei der anschließenden Verdichtung durch Stampfen, Rütteln oder Pressen, wird die Form stark verfestigt, gleichzeitig werden die Umrisse des Modells exakt wiedergegeben. Beim Schleudern sind beide Vorgänge zeitlich überhaupt nicht mehr zu trennen. Formgebung und Verfestigung erfolgen gleichzeitig. Mit einer Erhöhung der Festigkeit nimmt die Verformbarkeit oder Verdichtbarkeit stetig ab. Durch erneute Aufbereitung des Altsandes kann die ursprüngliche Verformbarkeit wieder zurückerhalten werden.

3. Spezielle Anwendung der Definition auf tongebundene Grünsande

Überträgt man die oben angeführte Definition der Bildsamkeit speziell auf die hier zu betrachtenden Formsande, so kann man sagen: Die Bildsamkeit ist die Eigenschaft eines Formsandes, sich im Zustand geringer Festigkeit in beliebige Formen bringen zu lassen und durch Verdichtung hohe Festigkeiten zu erlangen.

3.1 Entwicklung einer Meßgröße

Um die so definierte Bildsamkeit wertmäßig darzustellen, gilt es einmal, die geringe Festigkeit des formgerechten Ausgangsmaterials, zum anderen die Endfestigkeit der gießfertigen Form zu ermitteln und die Festigkeitszunahme $\Delta\sigma_{\Delta}$ zu berechnen:

$$\Delta\sigma_{\Delta l} = \sigma_{\Delta l\ \text{Form}} - \sigma_{\Delta l\ \text{Ausgangsmaterial}}$$

Der Wert $\Delta\sigma_{\Delta l}$ ist somit als Festigkeitsdifferenz zwischen zwei definierten Verdichtungsgraden ein Maß für die Bildsamkeit eines Formsandes.

3.2 Entwicklung eines Prüfverfahrens zur Ermittlung der Bildsamkeit von tongebundenen Grünsanden

Zur Ermittlung der Bildsamkeit sind diejenigen Kräfte zu bestimmen, die einmal den unverdichteten Sand, zum anderen den verdichteten um ein und denselben zulässigen Betrag $\frac{\Delta l}{l}$ gerade verformen.

In Abb. 2 sind schematisch die Festigkeitsänderungen eines bildsamen Sandes in Abhängigkeit von der aufgewendeten Versichtungsarbeit dargestellt. Auf der Ordinate wurden die jeweiligen Belastbarkeiten bei einer zulässigen Verformung von $\frac{\Delta l}{l}$ aufgetragen, während die Abszisse als Maß für die Verdichtung die aufgewendete Verdichtungsarbeit angibt, wodurch eine unterschiedliche Verdichtbarkeit der einzelnen Sande berücksichtigt wird.

In der Abb. 2 lassen sich drei Verdichtungsbereiche unterscheiden. Bei geringen Verdichtungen im Bereich o bis a erreichen die hergestellten Prüfkörper kein eigenes Stehvermögen. Sie lassen sich nicht belasten, sondern müssen zur Aufrechterhaltung ihrer Gestalt durch äußere Kräfte gestützt werden. Die $\sigma_{\Delta l}$-Werte sind $<$ o. Im Punkt a erreichen die Körper ein Stehvermögen aus

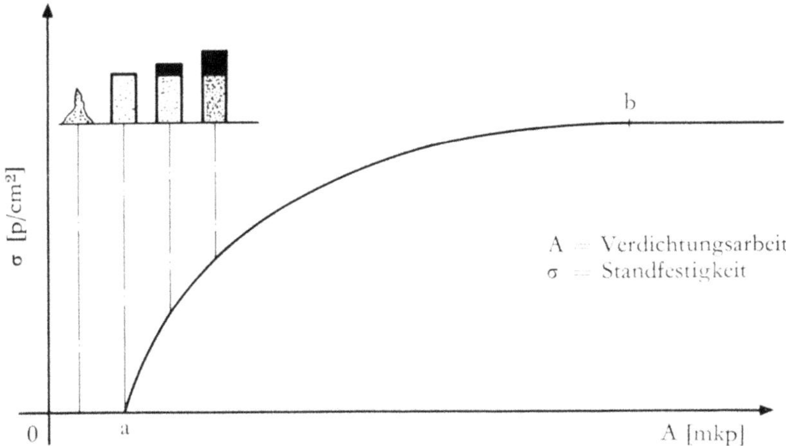

Abb. 2 Festigkeitsänderung eines Formsandes in Abhängigkeit von der aufgewendeten Verdichtungsarbeit (schematisch)

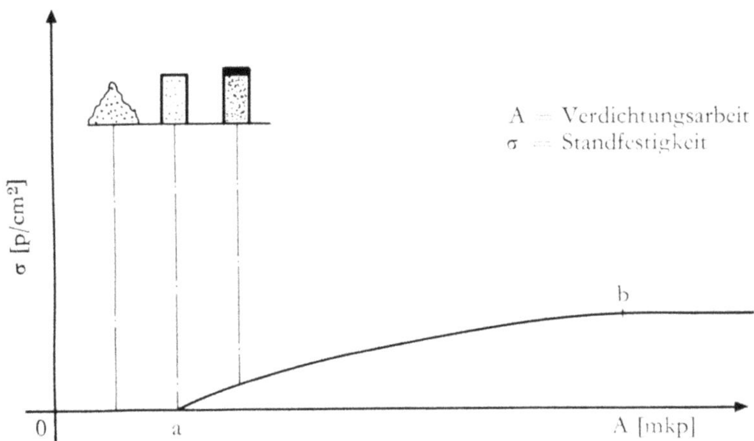

Abb. 3 Festigkeitsänderung eines wenig bildsamen Formsandes in Abhängigkeit von der aufgewendeten Verdichtungsarbeit (schematisch)

eigener Kraft, verlieren aber bei geringster Belastung ihre Standfestigkeit. Die $\sigma_{\Delta l}$-Werte sind = o. Bei noch höheren Verdichtungen gewinnen die Körper an Tragfähigkeit, ausgedrückt durch $\sigma_{\Delta l}$-Werte > o und erreichen im Punkte b einen Maximalwert. Oberhalb b lassen sich die Probekörper nicht mehr verdichten, so daß an Stelle der Verformung bei entsprechender Belastung ein Bruch erfolgt.

Eine solche Kurve, wie sie in Abb. 2 für einen Formsand hoher Bildsamkeit, in Abb. 3 dagegen für einen weniger bildsamen Formsand schematisch dargestellt ist, läßt sich experimentell auf folgende Weise gewinnen:

Man stellt Probekörper unterschiedlicher Verdichtung her und bestimmt, unter welcher Belastung diese sich gerade um den festgelegten Betrag $\frac{\Delta l}{l}$ verformen.

Herstellung der Probekörper:

Man läßt den zu untersuchenden Sand in eine zweiteilige Hülse konstanter Abmessungen fallen. Dabei werden die Fallhöhen und diesen entsprechend die Sandmengen so variiert, daß Probekörper gleicher Höhe, jedoch unterschiedlicher Verdichtung entstehen. Bei jedem Fallversuch muß die Sandmenge so eingestellt werden, daß die Hülse gerade gefüllt wird (Abb. 4).

Aus der Fallhöhe und dem Sandgewicht lassen sich die erforderlichen Werte der Verdichtungsarbeit berechnen.

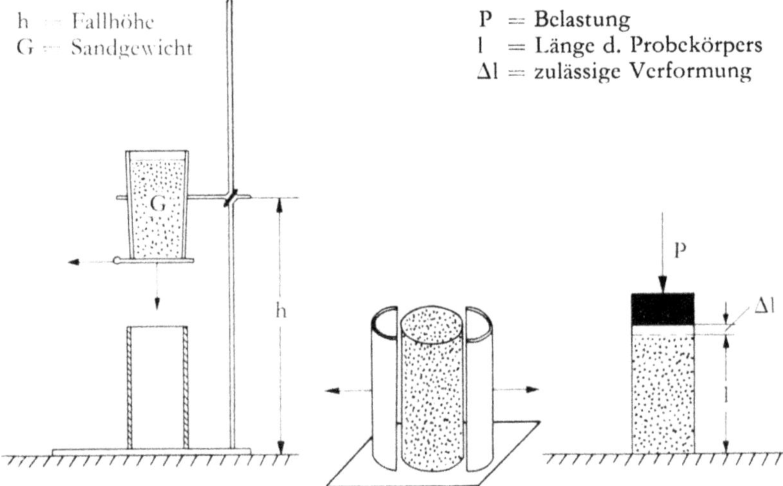

Abb. 4 Herstellung und Belastung von Sandprüfkörpern unterschiedlicher Verdichtung

Bestimmung der Belastbarkeit

Entfernt man nach dem Fallversuch die stützende zweiteilige Hülse, so liegt die Probe je nach Stehvermögen oberhalb oder unterhalb des Punktes a (Abb. 2). Daraus ergeben sich entweder negative oder positive $\sigma_{\Delta l}$-Werte, die nicht durch ein und dasselbe Prüfverfahren ermittelt werden können.

Besitzt die Probe ein eigenes Stehvermögen ($\sigma_{\Delta l} > o$), so kann durch Auflegen von Gewichten die Belastbarkeit bis zur zulässigen Verformung $\frac{\Delta l}{l}$ bestimmt werden. Verformt sich ein Prüfkörper schon bei geringster Beschwerung um einen Wert $\Delta l > \Delta l_{\text{zulässig}}$, so ist dieser dem Punkt a zuzuordnen.

Wesentlich schwieriger ist es, die notwendige Stützkraft der Proben ohne eigenes Stehvermögen zu messen. Eine Möglichkeit bestände darin, gegen das Zusammensinken der Sandkörper eine Gegenkraft auszusetzen und diese Kraft zu bestimmen. Praktisch könnte eine solche Messung in einer Anordnung erfolgen, wie sie Abb. 5 wiedergibt.

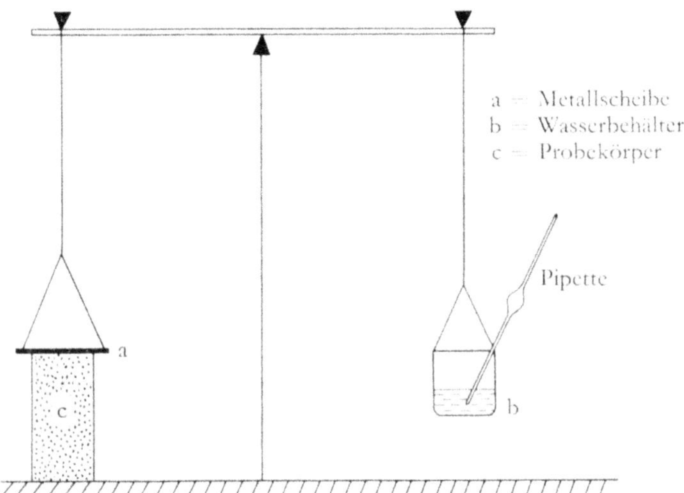

Abb. 5 Versuchsanordnung zur Bestimmung der Stützkraft von Proben geringer Festigkeit

Vor Entfernung der Hülse wird auf die Probe eine Metallscheibe geklebt. Diese Scheibe wird an den Balken einer Waage gehängt. Der andere Waagebalken wird mit einem Gefäß belastet. Bei richtiger Einstellung einer Wassermenge in diesem Gefäß behält der Prüfkörper unter Einfluß der wirkenden Gegenkraft seine Gestalt auch bei, wenn die stützende Hülse entfernt wird. Entfernt man anschließend etwas Wasser aus dem Gefäß und verringert dadurch die Stützkraft, so wird der Probekörper niedriger. Das Wassergewicht wird so lange reduziert, bis am Maßstab eine Probeverkürzung von $\frac{\Delta l}{l}_{\text{zulässig}}$ abgelesen wird. Nach Entfernung der Probe wird die Gesamtverstimmung der Anordnung durch Auflegen von Gewichten auf die Metallscheibe bestimmt. Die aufgelegten Gewichte entsprechen der gesuchten Stützkraft, d. h. dem $\sigma_{\Delta l}$-Wert.

Aus dem Stützwert des unverdichteten Sandes und der Belastbarkeit des vollständig verdichteten Sandes (Punkt b in Abb. 1) kann durch Differenzbildung ein Maß für die maximal zur Verfügung stehende Bildsamkeit angegeben werden.

In der Praxis kann die Verfestigung eines Formsandes nicht bis an die Grenze seiner Verfestigungsfähigkeit getrieben werden, da mit zunehmender Verdichtung die Gasdurchlässigkeit des Formstoffes abnimmt und den erforderlichen Mindestwert unterschreitet [11]. Aus diesem Grunde soll auch bei der Bestim-

mung der Bildsamkeit an Stelle der maximalen eine mittlere Verdichtung als Bezugswert gewählt werden. Es liegt nahe, zur Prüfung einen Probekörper nach DIN 52401 mit drei Rammschlägen herzustellen. Die aufgewendete Verdichtungsarbeit beträgt in diesem Falle 1 mkp und erreichte die Festigkeit ähnlich der fertigen Naßgußformen [12].
Bei der Bestimmung der Stützkraft des unverdichteten Sandes ergeben sich folgende Schwierigkeiten: Einmal sind die ermittelten Werte durch Anwendung grober Meßmethoden sehr ungenau, zum anderen ist das beschriebene Verfahren außerordentlich umständlich durchzuführen. Dazu kommt die Tatsache, daß der Formsand bei der Handhabung eine unkontrollierbare Vorverdichtung erfährt. Inhomogenitäten können sich erst bei höheren Vorverdichtungen ausgleichen. Es soll daher versucht werden, aus der Gesamtkurve der Abb. 2 nur ein Teilstück herauszunehmen, und die relative Festigkeitszunahme längs dieses Teilstückes als Maß für die Bildsamkeit zu definieren. Dazu ist es möglich, oberhalb des Punktes a die Belastbarkeit der Proben hinreichend genau mit einem in der mechanischen Sandprüfung allgemein üblichen Druckfestigkeitsprüfapparat zu ermitteln. Entgegen der Druckfestigkeitsprüfung ist in diesem Falle eine zulässige Verformung der Prüfkörper vorzugeben und diejenige Kraft zu bestimmen, die gerade eine solche vorgegebene Verformung bewirkt.
Als Definitionsbereich soll die Festigkeitszunahme zwischen einem und drei Rammschlägen nach DIN 52401 vorgeschlagen werden. Ein mit einem Rammschlag verdichteter Probekörper ist bei der Prüfung gut zu handhaben. Seine Festigkeitswerte liegen in der Regel hoch genug, um mit der erwähnten Prüfapparatur gemessen zu werden. Aus diesen Überlegungen heraus scheint es sinnvoll zu sein, die Bildsamkeit als relative Festigkeitszunahme zwischen der Verdichtung mit einem Rammschlag und derjenigen mit drei Rammschlägen in der Form zu definieren

$$Bi = \frac{\sigma_3 - \sigma_1}{\sigma_3} \cdot 100\,[\%]$$

und durch Multiplikation mit dem Faktor 100 diesen Wert in Prozent anzugeben (Abb. 6).

Festlegung der zulässigen Verformung: $\frac{\Delta l}{l}$

Zur Bestimmung der Bildsamkeit nach dem beschriebenen Verfahren muß noch die zulässige Verformung $\frac{\Delta l}{l}$ festgelegt werden. Ausschlaggebend für die Größe ist die erforderliche Nachgiebigkeit der Form gegenüber der Schwindung des Gußstückes. Eine ausreichende Nachgiebigkeit muß vorhanden sein, um im Gußstück Risse oder zusätzliche Spannungen zu vermeiden. Sie darf aber nicht zu groß sein, um eine Maßhaltigkeit des Gußstückes zu sichern. Aus Abb. 7 geht hervor, daß der Wert der zulässigen Verformung ungefähr dem Schwindmaß des vergossenen Metalls entspricht. Ein genauer Wert kann nicht angegeben werden, da dieser eine Funktion der Abmessungen des Gußstückes ist. Für die Ermittlung der Bildsamkeit genügt es aber, einen konstanten Wert vorzugeben, z. B. bei Formen für Grauguß

$$\frac{\Delta l}{l} = 1 \, [\%]$$

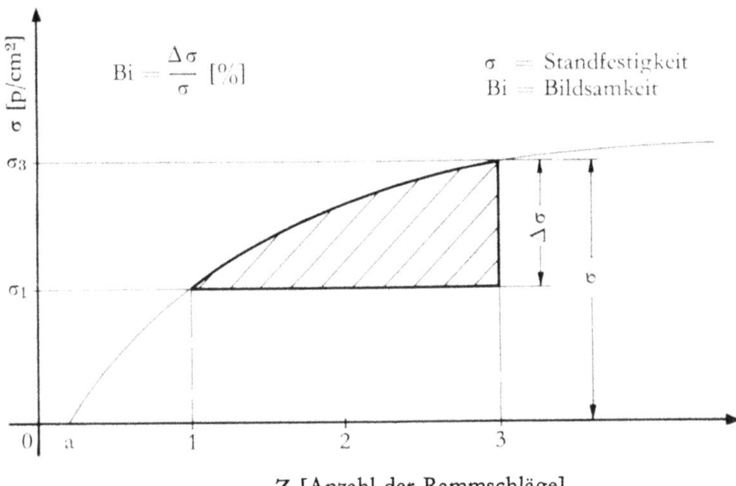

Abb. 6 Darstellung des Definitionsbereiches der Festigkeitszunahme zur Bestimmung der Bildsamkeit

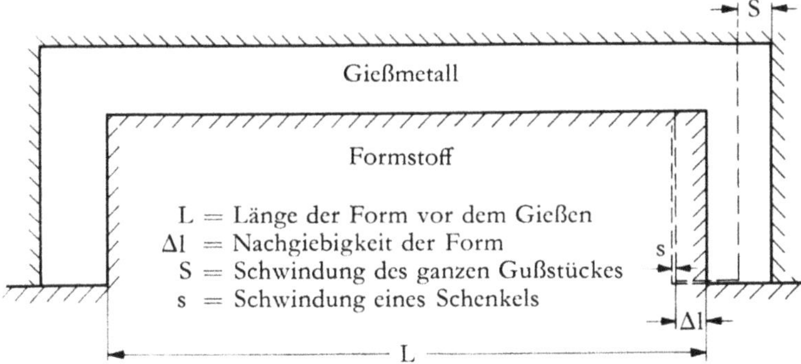

Abb. 7 Zusammenhang zwischen zulässiger Verformung der Form und Schwindung des Gußstückes

4. Praktische Versuche

4.1 Versuchsprogramm

Die oben definierte Bildsamkeit wurde in praktischen Versuchen für drei verschiedenartige Formsande in Abhängigkeit vom Wassergehalt bestimmt. Dabei wurden folgende Sande untersucht:

Sand 1: Ein Botropper Formsand, fett (Neusand).

Sand 2: Ein synthetischer Formsand aus Quarzsand und Aktivbetonit und Kohlenstaub (Altsand mit 12% Schwämmstoffanteil).

Sand 3: Ein Hallescher Formsand (Neusand).

Der Wassergehalt wurde bei allen drei Sanden durch stufenweises Abtrocknen variiert.

4.2 Versuchsdurchführung

Die Messung der Festigkeit erfolgte an Probekörpern, die nach DIN 52401 mit dem +GF+-Rammgerät mit einem bzw. drei Rammschlägen hergestellt wurden. Die Prüfung wurde sofort nach dem Rammen im Grünzustand nach folgenden Verfahren durchgeführt:

1. Es wurde eine zulässige Verformung von $\frac{\Delta l}{l} = 1\%$ gewählt. Diese entspricht bei einer Normprobekörperhöhe von 50 mm einem Wert: $\Delta l = 0{,}5$ mm. Die Probekörper werden auf der +GF+-Druckfestigkeitsprüfapparatur bis zu diesem Wert verformt und die aufgewendete Belastung auf dem Manometer in [p/cm²] abgelesen.
2. Zum Vergleich wurde die gleiche Prüfung wie unter 1. an Probekörpern in einer Hülse vorgenommen. Diese Anordnung entspricht den Bedingungen des Formsandes in den Fällen, wo bei Belastung an Stelle einer Verformung nur eine weitere Verdichtung möglich ist (Abb. 8).
3. Im dritten Verfahren wurde keine zulässige Verformung vorgegeben, sondern wie üblich die Bruchfestigkeit ermittelt.

Vorversuche ergaben, daß die Meßwerte bei allen drei Prüfverfahren stark streuten. Nach Durchführung folgender Maßnahmen ergaben sich jedoch bessere Werte:

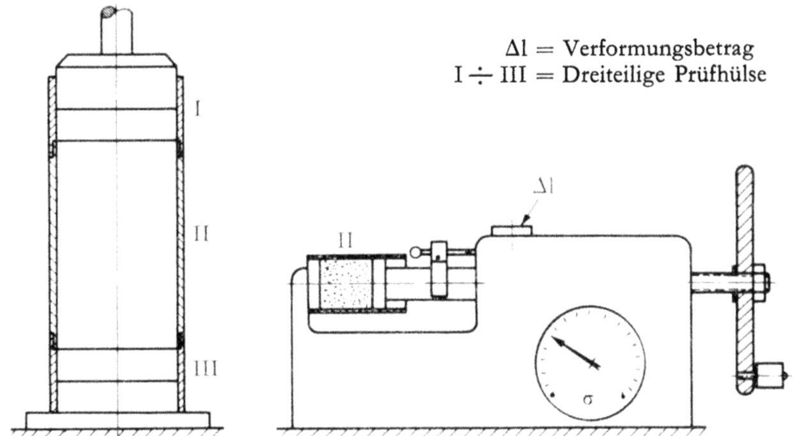

Abb. 8 Prüfung der Verdichtbarkeit von Formsanden in einer dreiteiligen Hülse

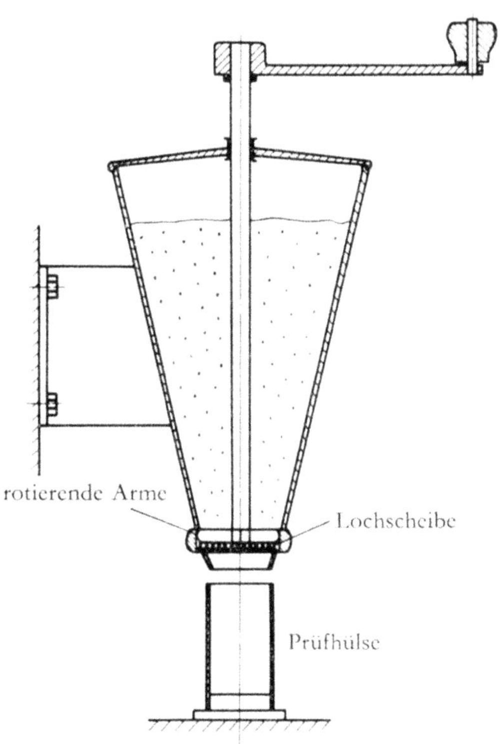

Abb. 9 Apparatur zur Füllung von Prüfhülsen

a) Die gesiebten Sandproben wurden in Plastikbeuteln aufbewahrt. Der Wassergehalt wurde für jede Probe zum Zeitpunkt der Druckmessung ermittelt.

b) Es wurde eine Apparatur verwendet, die den Sand gleichmäßig in die Prüfhülse füllt (Abb. 9).

c) Es wurden für die Probekörper Raumgewichte und die Werte der Höhen wie in Abb. 10 dargestellt und grobe Ausreißer von der Druckprüfung ausgeschlossen.

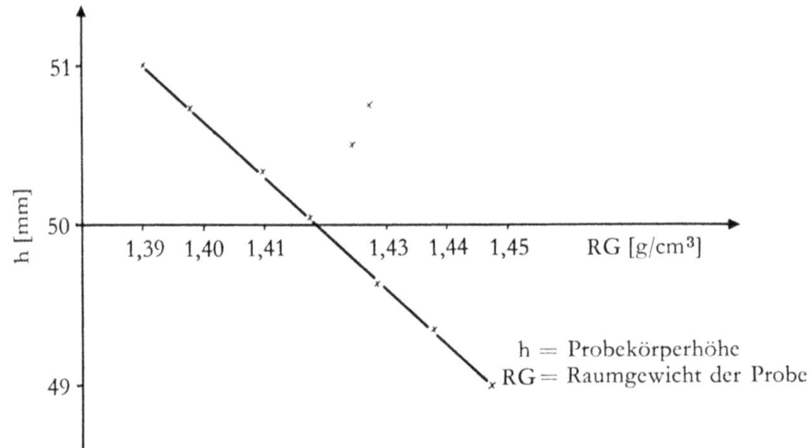

Abb. 10 Zusammenhang zwischen Raumgewicht und Höhe der Probekörper

4.3 Versuchsergebnisse

Die gemessenen und berechneten Werte wurden in den Tab. 2–4 zusammengefaßt. Die eingetragenen Zahlen stellen Mittelwerte mehrerer Proben dar.
Zu den Tab. 2–4:
Die Zahl neben den Symbolen gibt die Anzahl der Rammschläge an, z. B. σ_3 (σ gemessen an einem Probekörper, der mit drei Rammschlägen hergestellt wurde).

Tab. 2 Zusammenstellung der Meßwerte und der berechneten Bildsamkeit von Sand 1 nach drei Meßverfahren

Mischung	Wassergehalt	σ_{o3}	σ_{o1}	Bi_o	σ_{H3}	σ_{H1}	Bi_H	σ_{B3}	σ_{B1}	Bi_B
1	5,6	350	335	4,3	370	350	5,4	363	340	6,3
2	6,4	1078	595	44,8	2200	1253	43,0	1286	643	50,0
3	7,9	718	347	51,7	1268	620	51,1	876	400	54,5
4	9,8	731	457	37,5	1252	737	41,1	1062	600	43,0
5	14,2	320	250	21,9	340	270	20,6	330	260	21,2
Nr.	%	p/cm^2	p/cm^2	%	p/cm^2	p/cm^2	%	p/cm^2	p/cm^2	%

Tab. 3 Zusammenstellung der Meßwerte und Bildsamkeiten von Sand 2 nach einem Verfahren

Mischung	Wassergehalt	σ_{B3}	σ_{B1}	Bi_B	RG_3	GD_3	σ_{S3}
1	4,75	800	510	36,9	1,440	53,3	203
2	7,50	1340	690	47,1	1,420	67,8	322
3	9,20	990	531	46,4	1,430	75,0	350
4	11,00	913	515	44,2	1,435	74,3	273
Nr.	%	p/cm^2	p/cm^2	%	g/cm^3		p/cm^2

Tab. 4 Zusammenstellung der Meßwerte und der berechneten Bildsamkeiten für Sand 3

Mischung	Wassergehalt	σ_{B3}	σ_{B1}	Bi_B	RG_3	RG_1	GD_3	GD_1
1	4,5	960	460	51,4	1,53	1,46	65,1	69,8
2	5,8	1180	580	50,9	1,55	1,47	63,9	70,4
3	7,6	980	433	55,8	1,57	1,44	67,9	82,8
4	12,0	833	400	52,0	1,50	1,50	57,8	79,6
Nr.	%	p/cm^2	p/cm^2	%	g/cm^2	g/cm^3		

σ_o = gemessene Belastung b. $\Delta l = 0,5$ mm ohne Hülse
σ_H = gemessene Belastung b. $\Delta l = 0,5$ mm mit Hülse
σ_B = Bruchfestigkeit nach DIN 52401
σ_S = Scherfestigkeit nach DIN 52401
Bi_o; Bi_H; Bi_B = Bildsamkeit je nach angewendetem Prüfverfahren
RG = Raumgewicht der Proben
GD = Gasdurchlässigkeit der Proben

Bi_0 berechnet aus Standfestigkeiten bei 1% Verformung ohne Hülse gemessen.
Bi_H berechnet aus Standfestigkeiten bei 1% Verformung in einer Hülse geprüft.
Bi_B berechnet aus Bruchfestigkeiten.

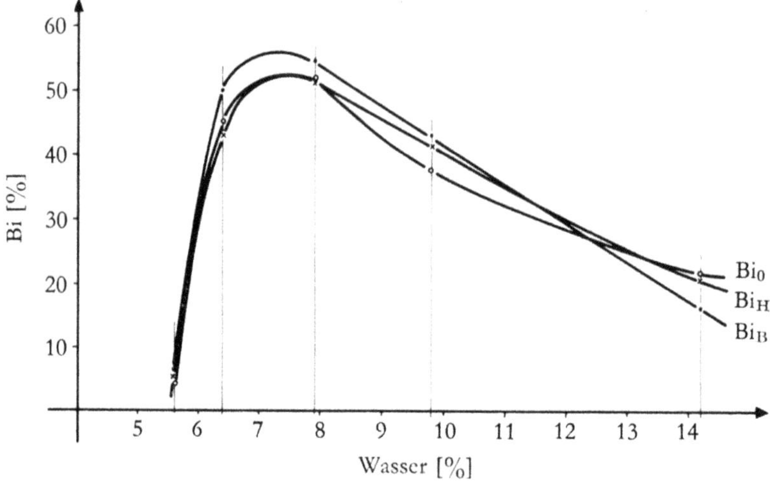

Abb. 11 Die Bildsamkeit von Sand 1 in Abhängigkeit vom Wassergehalt

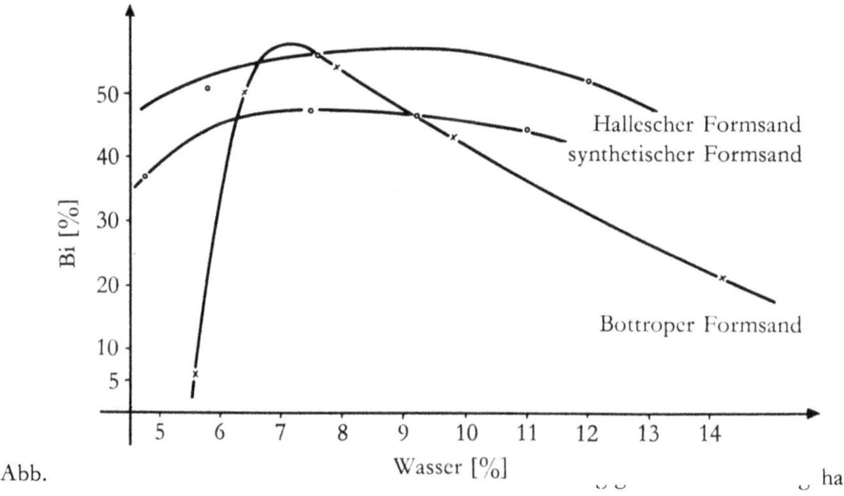

Abb. halt

In Abb. 11 wurden für Sand 1 die unter Anwendung der drei Meßverfahren ermittelten Werte der Bildsamkeit in Abhängigkeit vom Wassergehalt dargestellt. Erwartungsgemäß erreicht die Bildsamkeit bei einem bestimmten, in der Praxis unbedingt üblichen Wassergehalt, ein Maximum. Bei höheren Wassergehalten nimmt sie dann wieder kleinere Werte an. Dieses Verfahren deckt sich mit den Erfahrungen, wie man sie bei der Anwendung der Handprobe gewinnen kann.

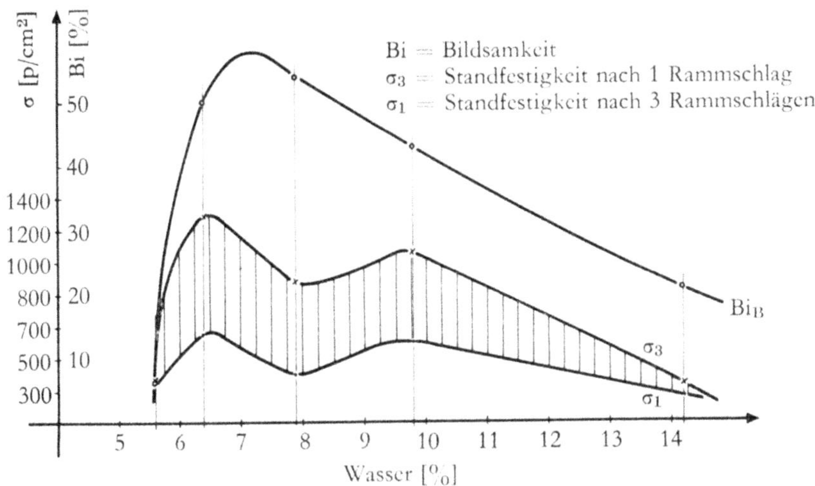

Abb. 13 Festigkeiten und Bildsamkeit von Sand 1 in Abhängigkeit vom Wassergehalt

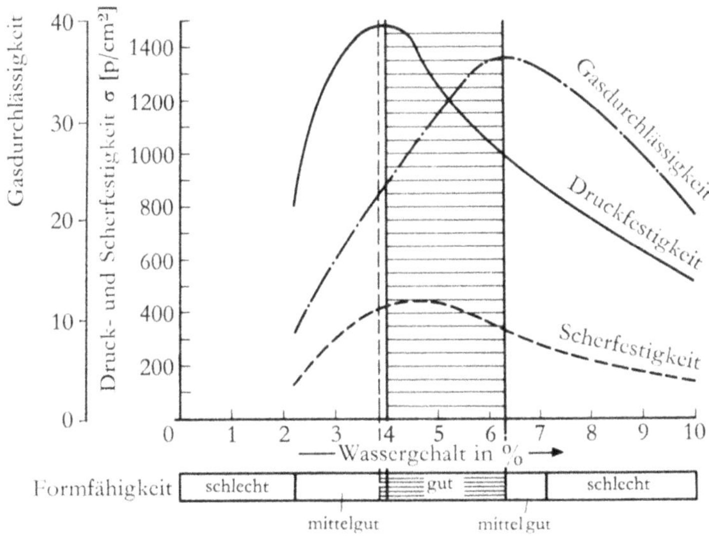

Abb. 14 Formgerechter Bereich eines mittelfetten Formsandes (nach F. Roll)

Die Bildsamkeitswerte für die Wassergehalte von 5,6 und 14,2% stellen nur Näherungswerte dar, da eine Festigkeitsprüfung für einen fetten Sand in diesen Bereichen sehr ungenau ist. Aus dem Diagramm (Abb. 11) ist weiterhin ersichtlich, daß alle drei Kurven im Bereich des formgerechten Wassergehaltes ähnlich verlaufen. Da sich bei der Prüfung anderer Sande ebenfalls eine gute Übereinstimmung der drei Bildsamkeitskurven ergab, wurden die Sande 2 und 3 zur Vereinfachung nur nach einem Prüfverfahren untersucht.

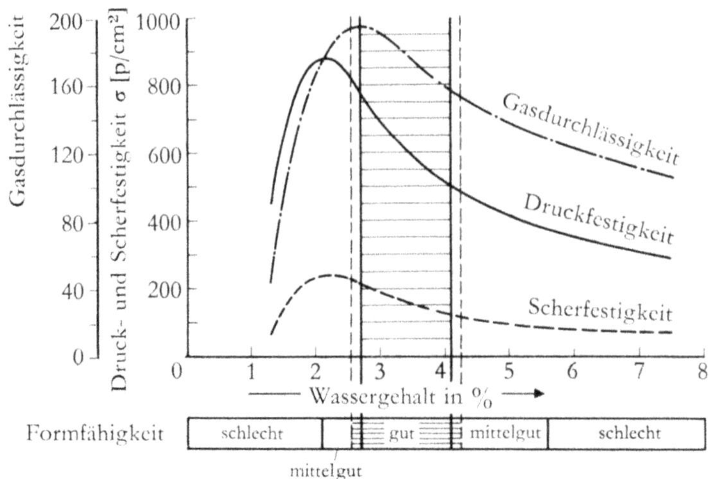

Abb. 15 Formgerechter Bereich eines synthetischen Sandes, Haltener Quarzsand H 31 mit 5% Bentonit und 4% Kohlenstaub (nach F. Roll)

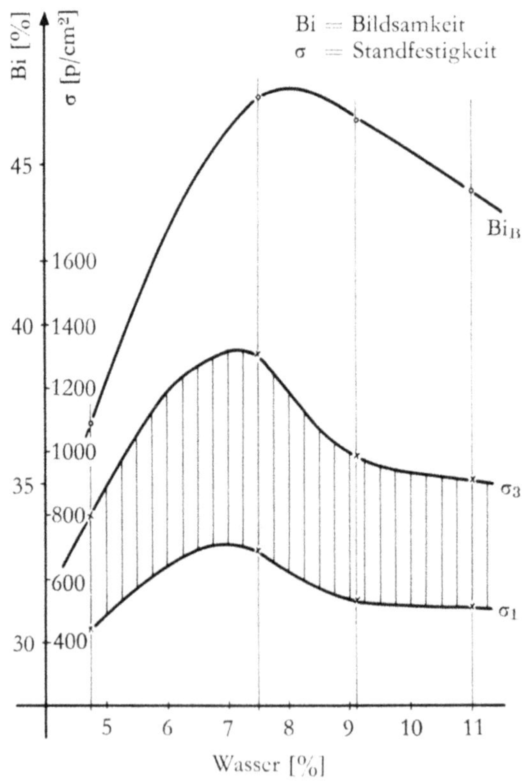

Abb. 16 Festigkeiten und Bildsamkeit von Sand 2 in Abhängigkeit vom Wassergehalt

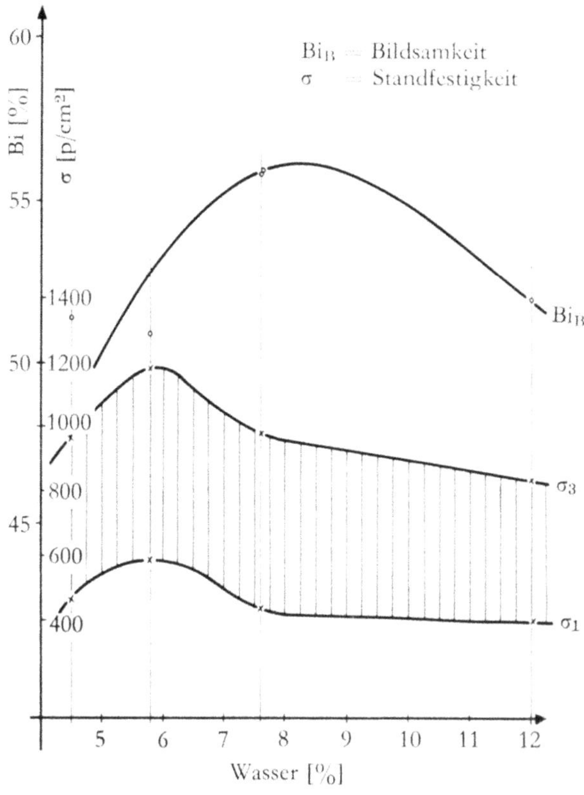

Abb. 17 Festigkeiten und Bildsamkeit von Sand 3 in Abhängigkeit vom Wassergehalt

Grundlage für die Berechnung der Bildsamkeit bildete nur die Bruchfestigkeit, gemessen nach DIN 52401 mit den Methoden der üblichen Sandprüfung. Es muß jedoch betont werden, daß es sich hierbei um eine Vereinfachung handelt, da die Übereinstimmung einer Bildsamkeit, gemessen nach den drei Verfahren, nicht als Regel angesehen werden darf.
In Abb. 12 sind die Bildsamkeitswerte der drei genannten Sandsorten in Abhängigkeit vom Wassergehalt gegenübergestellt. Beim Botropper Formsand ist der Bereich des formgerechten oder gut bildsamen Zustandes sehr eng. Von einem Wassergehalt von 5,4% an nimmt die Bildsamkeit stark zu und wird dann nach Durchlaufen eines Maximums langsam wieder kleiner. Während bei dem Botropper Sand dieses Maximum sehr ausgeprägt ist, verlaufen die Bildsamkeitskurven für die Sande 2 und 3 wesentlich flacher. Die Gebiete geringer Bildsamkeit liegen weit auseinander, d. h., im formgerechten Bereich kann der Wassergehalt beim Halleschen Sand um etwa ± 1%, bei synthetischen um etwa ± 2% differieren, ohne die Brauchbarkeit dieser Formsande stärker zu beeinträchtigen.

In den Abb. 13, 16 und 17 wurden die Bildsamkeiten und die erreichten Festigkeitswerte einander gegenübergestellt. Beim Auftragen der Werte gegen den

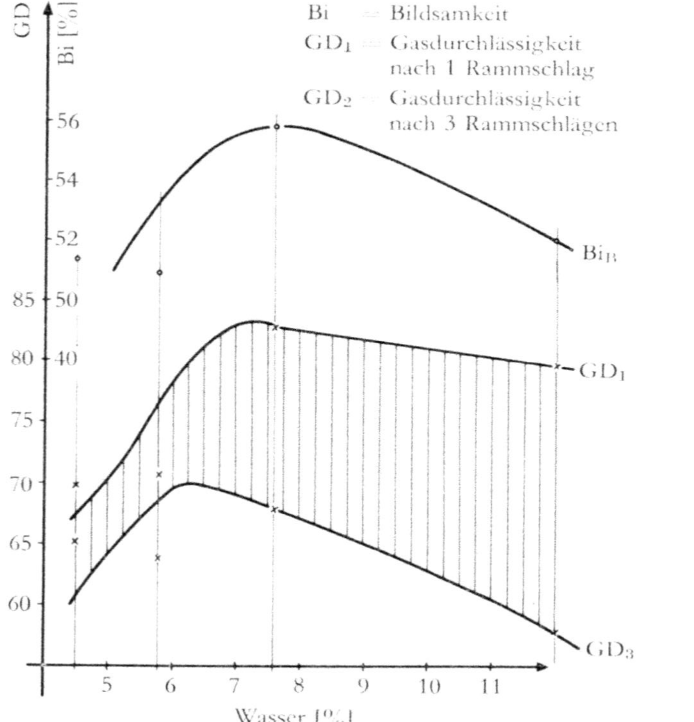

Abb. 18 Bildsamkeit und Gasdurchlässigkeit von Sand 3 in Abhängigkeit vom Wassergehalt

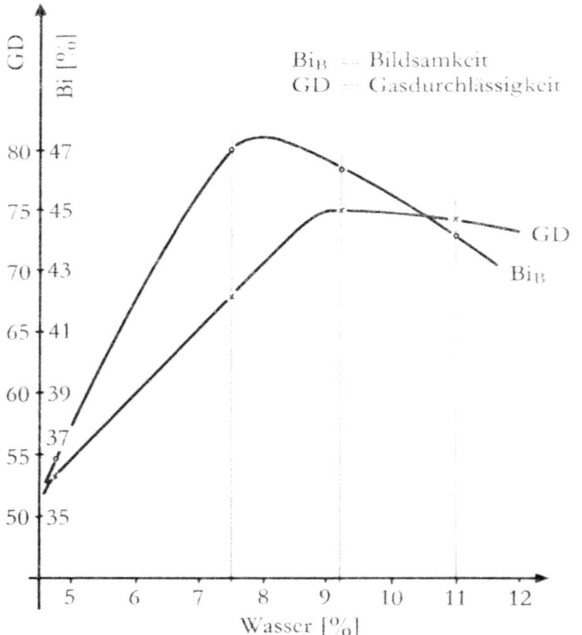

Abb. 19 Bildsamkeit und Gasdurchlässigkeit von Sand 2 in Abhängigkeit vom Wassergehalt

Wassergehalt zeigt es sich, daß die Maxima der Bildsamkeiten denen der Festigkeiten gegenüber einen Nachlauf besitzen, d. h., die Bildsamkeit erreicht erst bei höheren Wassergehalten ihr Maximum als die Druckfestigkeit. Dieses Verhalten deckt sich mit den Erfahrungen der Praxis (Handprobe). Einen ähnlichen Nachlauf findet auch bei dem von F. Roll [6] definierten und nach einem anderen Verfahren gemessenen formgerechten Bereich der Formsande (Abb. 14 und 15).

Bei Sand 1 (Abb. 13) treten für die Festigkeitswerte zwei Maxima auf. Das könnte eventuell daran liegen, daß bei diesem Sand die Prüfung mit verschiedenen Wassergehalten an ein und derselben Sandmenge vorgenommen wurde, so daß bei den einzelnen Proben der Aufbereitungsgrad nicht gleich war. Als letzte der Reihe erfolgte die Prüfung bei einem Wassergehalt von 9,8%, d. h. bei dieser Probe besaß der Sand den größten Aufbereitungsgrad und zeigt dadurch eine höhere Festigkeit.

Demgegenüber wurde bei der Prüfung von Sand 2 und Sand 3 der Aufbereitungsgrad konstant gehalten. Die einzelnen Proben wurden einer einheitlichen Sandmenge entnommen. Der gewünschte Wassergehalt wurde durch stufenweises Austrocknen der Mischung eingestellt.

Die Abb. 18 und 19 veranschaulichen die Beziehung zwischen der Bildsamkeit und den Gasdurchlässigkeitswerten für den synthetischen und den Halleschen Formsand. Beim Halleschen Sand scheinen die Maxima ungefähr bei gleichem Wassergehalt zu liegen, so daß man sagen kann, im Bereich guter Bildsamkeit liegen auch gute Gasdurchlässigkeiten vor. Die Abb. 19 zeigt bei synthetischem Formsand einen Nachlauf der größten Gasdurchlässigkeit gegenüber dem Maximum der Bildsamkeit.

Zum Schluß soll noch der Zusammenhang zwischen der Bildsamkeit und den berechneten Raumgewichten der verwendeten Prüfkörper betrachtet werden. In Abb. 20 wurden die Bildsamkeit, die Raumgewichte und die relativen Raumgewichtszunahmen von Sand 1 in Abhängigkeit vom Wassergehalt in einem Diagramm gegenübergestellt, während Abb. 21 das Verhalten von Sand 2 wiedergibt.

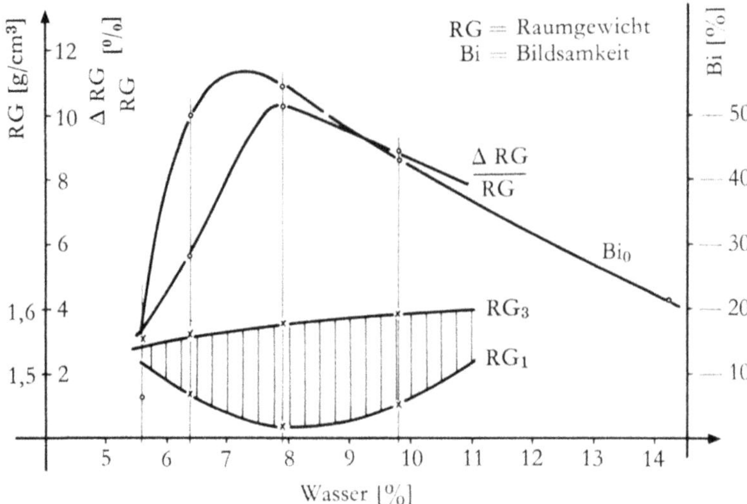

Abb. 20 Vergleich der Bildsamkeit mit den Raumgewichten und der relativen Raumgewichtszunahme für Sand 1

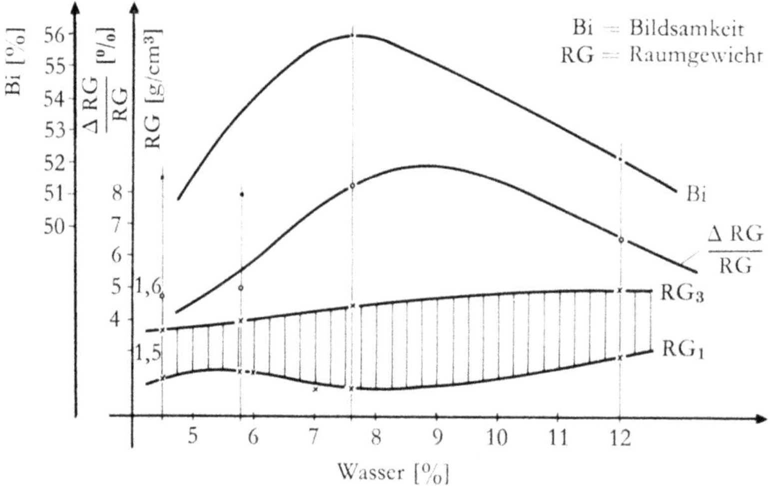

Abb. 21 Vergleich der Bildsamkeit mit den Raumgewichten und der relativen Raumgewichtszunahme für Sand 3

5. Kritik am Prüfverfahren

Auf Grund der Versuchsergebnisse und der aufgestellten Diagramme kann man feststellen, daß das Verhalten der gemessenen Bildsamkeit den Erfahrungen in der Praxis nicht entgegenläuft. Aus dieser Erkenntnis kann man ableiten, daß die gewählte Definition und das angewandte Prüfverfahren zur Ermittlung der Bildsamkeit von Formsanden sinnvoll ist.

6. Zusammenfassung

An Hand von Literaturstellen wurde nachgewiesen, daß die Bildsamkeit der Formstoffe kein einheitlich definierter Begriff ist. Aus diesem Grunde wurde eine allgemein anwendbare Definition aufgestellt, die besagt:
Die Bildsamkeit ist die Eigenschaft eines Formstoffes, sich im Zustand geringer Festigkeit in beliebige Formen bringen zu lassen, und durch einen gleichzeitigen oder anschließenden Prozeß hohe Festigkeit zu erlangen.
Mit der Erhöhung der Festigkeit nimmt die ursprünglich gute Verformbarkeit ab. Diese Definition, die sich auf alle verformbaren Stoffe bezieht, wurde speziell auf tongebundene Grünsande angewendet und ein Prüfverfahren entwickelt. Maß für die Bildsamkeit eines Formsandes ist seine relative Festigkeitszunahme zwischen zwei definierten Verdichtungsgraden. Die Prüfung kann in etwas abgewandelter Form mit den Geräten der mechanischen Sandprüfung nach DIN 52401 vorgenommen werden.
In praktischen Versuchen wurde das Prüfverfahren auf verschiedenartige Formsande angewendet und die ermittelten Bildsamkeitswerte in Abhängigkeit vom Wassergehalt anderen technologischen Größen gegenübergestellt. Dabei wurde gezeigt, daß die Versuchsergebnisse den praktischen Erfahrungen mit Formsanden nicht entgegenlaufen. Daraus kann gefolgert werden, daß die aufgestellte Definition sinnvoll ist. Um jedoch eine Aussage über die Brauchbarkeit des vorgeschlagenen Prüfverfahrens für die praktische Sandprüfung zu machen, müßten weitere Versuche durchgeführt werden. Insbesondere müßten bei der Bildsamkeitsbestimmung neben dem Wassergehalt noch andere Einflußgrößen variiert werden, wie der Binderanteil, die Kornbeschaffenheit des Quarzes oder die Aufbereitungszeit. Bei sinngemäßer Übertragung des Prüfverfahrens auf die anderen Formstofftypen läßt sich die Bestimmung der Bildsamkeit auf alle Formstoffe ausdehnen.
Für die Bereitstellung der Mittel zur Durchführung der vorliegenden Arbeit sei dem Wirtschafts- und Verkehrsministerium des Landes Nordrhein-Westfalen sowie dem Verein Deutscher Gießereifachleute Düsseldorf herzlich gedankt.

Prof. Dr.-Ing. habil. Anton Königer †

Dr.-Ing. Manfred Odendahl

Eberhard Pahl

7. Literaturverzeichnis

[1] FETTWEISS-FREDE, Fachkunde für Former. Weinheim a. d. Bergstraße, Blatt 301.
[2] ROLL, F., Handbuch der Gießereitechnik. Berlin-Göttingen-Heidelberg, S. 510–515.
[3] HOFMANN, F., Technologie der Gießereiformstoffe. Schaffhausen, S. 18.
[4] GÖTZ, W., Sinn und Zweck der Formsandprüfung. Schaffhausen, S. 99–104.
[5] LUDGER-FREDE, Physik in der Gießerei. Düsseldorf 1952, S. 17.
[6] ROLL, F., Gießerei 46 (1959), S. 54–60.
[7] MÜLLER, R. W., Der Formereibetrieb, 2. Aufl. Halle 1952, S. 5/6.
[8] LE CHATELIER, La Silides et les Silicates. S. 374.
[9] MÜLLER, R. W., Der Formereibetrieb ..., S. 59.
[10] WEGENER, W., Gießerei 48 (1955), S. 245–254.
[11] HOFMANN, F., Technologie der Gießereiformstoffe. S. 25.
[12] GÖTZ, W., Sinn und Zweck ..., S. 15.

FORSCHUNGSBERICHTE DES LANDES NORDRHEIN-WESTFALEN

Herausgegeben im Auftrage des Ministerpräsidenten Dr. Franz Meyers von Staatssekretär Prof. Dr. h. c. Dr.-Ing. E. h. Leo Brandt

HÜTTENWESEN · WERKSTOFFKUNDE

HEFT 4
Prof. Dr. E. A. Müller und Dipl.-Ing. H. Spitzer, Dortmund
Untersuchungen über die Hitzebelastung in Hüttenbetrieben
1952, 28 Seiten, 5 Abb., 1 Tabelle, DM 9,—

HEFT 48
Max-Planck-Institut für Eisenforschung, Düsseldorf
Spektrochemische Analyse der Gefügebestandteile in Stählen nach ihrer Isolierung
1953, 38 Seiten, 8 Abb., 5 Tabellen, DM 7,80

HEFT 49
Max-Planck-Institut für Eisenforschung, Düsseldorf
Untersuchungen über Ablauf der Desoxydation und die Bildung von Einschlüssen in Stählen
1953, 52 Seiten, 19 Abb., 3 Tabellen, DM 12,40

HEFT 50
Max-Planck-Institut für Eisenforschung, Düsseldorf
Flammenspektralanalytische Untersuchung der Ferritzusammensetzung in Stählen
1953, 44 Seiten, 15 Abb., 4 Tabellen, DM 8,60

HEFT 74
Max-Planck-Institut für Eisenforschung, Düsseldorf
Versuche zur Klärung des Umwandlungsverhaltens eines sonderkarbidbildenden Chromstahls
1954, 58 Seiten, 10 Abb., DM 14,—

HEFT 75
Max-Planck-Institut für Eisenforschung, Düsseldorf
Zeit-Temperatur-Umwandlungs-Schaubilder als Grundlage der Wärmebehandlung der Stähle
1954, 44 Seiten, 13 Abb., DM 8,70

HEFT 89
Verein Deutscher Ingenieure, Gleitlagerforschung, Düsseldorf, und Prof. Dr.-Ing. G. Vogelpohl, Göttingen
Versuche mit Preßstoff-Lagern für Walzwerke
1954, 70 Seiten, 34 Abb., DM 14,10

HEFT 96
Dr.-Ing. P. Koch, Dortmund
Austritt von Exoelektronen aus Metalloberflächen unter Berücksichtigung der Verwendung des Effektes für die Materialprüfung
1954, 34 Seiten, 13 Abb., DM 7,—

HEFT 105
Dr.-Ing. R. Meldau, Harsewinkel/Westf.
Auswertung von Gekörn — Analysen des Musterstaubes „Flugasche Fortuna I“
1955, 42 Seiten, 14 Abb., DM 8,50

HEFT 132
Prof. Dr. W. Seith, Münster
Über Diffusionserscheinungen in festen Metallen
1955, 42 Seiten, 19 Abb., 4 Tabellen, DM 9,10

HEFT 143
Prof. Dr. F. Wever, Dr. A. Rose und Dipl.-Ing. W. Straßburg, Düsseldorf
Härtbarkeit und Umwandlungsverhalten der Stähle
1955, 50 Seiten, 12 Abb., 3 Tabellen, DM 10,70

HEFT 153
Prof. Dr. F. Wever, Dr.-Ing. W. A. Fischer und Dipl.-Ing. J. Engelbrecht, Düsseldorf
I. Die Reduktion sauerstoffhaltiger Eisenschmelzen im Hochvakuum mit Wasserstoff und Kohlenstoff
II. Einfluß geringer Sauerstoffgehalte auf das Gefüge und Alterungsverhalten von Reineisen
1955, 54 Seiten, 15 Abb., 2 Tabellen, DM 12,40

HEFT 154
Prof. Dr.-Ing. P. Bardenheuer und Dr.-Ing. W. A. Fischer, Düsseldorf
Die Verschlackung von Titan aus Stahlschmelzen im sauren und basischen Hochfrequenzofen unter verschiedenen Schlacken
1955, 36 Seiten, 10 Abb., 1 Tabelle, DM 7,95

HEFT 162
Prof. Dr. F. Wever, Prof. Dr. A. Kochendörfer und Dr.-Ing. Chr. Rohrbach, Düsseldorf
Kennzeichnung der Sprödbruchneigung von Stählen durch Messung der Fließspannung, Reißspannung und Brucheinschnürung an dreiachsig beanspruchten Proben
1955, 58 Seiten, 26 Abb., DM 13,—

HEFT 170
Prof. Dr. F. Wever, Dr. A. Rose und Dipl.-Ing. L. Rademacher, Düsseldorf
Anwendung der Umwandlungsschaubilder auf Fragen der Werkstoffauswahl beim Schweißen und Flammhärten
1955, 64 Seiten, 25 Abb., DM 13,70

HEFT 205
Dr. C. Schaarwächter, Düsseldorf
Über plastische Kupfer-Eisen-Phosphor-Legierungen
1956, 36 Seiten, 10 Abb., 10 Tabellen, DM 8,30

HEFT 227
Prof. Dr. F. Wever, Düsseldorf und Dr. W. Wepner, Köln
Untersuchung der Alterungsneigung von weichen unlegierten Stählen durch Härteprüfung bei Temperaturen bis 300° C
1956, 34 Seiten, 20 Abb., 3 Tabellen, DM 7,95

HEFT 228
Prof. Dr. F. Wever, Dr. W. Koch, Düsseldorf und Dr. B. A. Steinkopf, Dortmund
Spektrochemische Grundlagen der Analyse von Gemischen aus Kohlenmonoxyd, Wasserstoff und Stickstoff
1956, 42 Seiten, 18 Abb., 1 Tabelle, DM 9,90

HEFT 229
Prof. Dr. F. Wever, Dr. W. Koch und Dr.-Ing. H. Malissa, Düsseldorf
Über die Anwendung disubstituierter Dithiocarbamate der analytischen Chemie
1956, 44 Seiten, 30 Abb., 5 Tabellen, DM 10,50

HEFT 230
Prof. Dr. F. Wever, Düsseldorf und Dr. W. Wepner, Köln
Bestimmung kleiner Kohlenstoffgehalte im Alpha-Eisen durch Dämpfungsmessung
1956, 34 Seiten, 5 Abb., 2 Tabellen, DM 7,70

HEFT 234
Dr.-Ing. K. G. Speith und Dr.-Ing. A. Bungeroth, Duisburg
Versuche zur Steigerung des Kokillen-Schluckvermögens beim Stranggießen von Stahl
1956, 26 Seiten, 5 Abb., DM 6,15

HEFT 244
Prof. Dr. F. Wever, Dr. W. Koch und Dr. S. Eckhard, Düsseldorf
Erfahrungen mit der spektrochemischen Analyse von Gefügebestandteilen des Stahles
1956, 32 Seiten, 8 Abb., 2 Tabellen, DM 7,80

HEFT 263
Prof. Dr. H. Lange und Dipl.-Phys. R. Kohlhaas, Köln
Über die Wärmeleitfähigkeit von Stählen bei hohen Temperaturen: Teil I: Literaturbericht
1956, 48 Seiten, 26 Abb., 8 Tabellen, DM 10,70

HEFT 268
Prof. Dr.-Ing. G. Vogelpohl, Göttingen
Über die Tragfähigkeit von Gleitlagern und ihre Berechnung
1956, 76 Seiten, 24 Abb., 7 Tabellen, DM 16,85

HEFT 283
Prof. Dr. F. Wever und Dr.-Ing. W. Lueg, Düsseldorf
Warmstauchversuche zur Ermittlung der Formänderungsfestigkeit von Gesenkschmiede-Stählen
1956, 44 Seiten, 19 Abb., DM 9,90

HEFT 288
Dr. K. Brücker-Steinkuhl, Düsseldorf
Anwendung mathematisch-statischer Verfahren in der Industrie
1956, 103 Seiten, 27 Abb., 14 Tabellen. Vergriffen

HEFT 290
Dr. D. Horstmann, Düsseldorf
I. Der verstärkte Angriff des Zinks auf Eisen im Temperaturgebiet um 500° C
II. Einfluß eines Antimongehaltes auf den Angriff von Zinkschmelzen auf Eisen
1956, 36 Seiten, 33 Abb., 3 Tabellen, DM 11,90

HEFT 291
Dr.-Ing. H. J. Wiester und Dr. D. Horstmann, Düsseldorf
Der Angriff eisengesättigter Zinkschmelzen auf silizium- und manganhaltiges Eisen
1956, 52 Seiten, 45 Abb., 8 Tabellen, DM 12,60

HEFT 311
Prof. Dr. F. Wever und Dr. M. Hempel, Düsseldorf
Dauerschwingfestigkeit von Stählen bei erhöhten Temperaturen
Teil I: Erkenntnisse aus bisherigen Dauerschwingversuchen in der Wärme
1956, 40 Seiten, 19 Abb., 2 Tabellen, DM 10,90

HEFT 312
Prof. Dr. F. Wever und Dr. M. Hempel, Düsseldorf
Dauerschwingfestigkeit von Stählen bei erhöhten Temperaturen
Teil II: Zug-Druck-Dauerschwingversuche an zwei warmfesten Stählen bei Temperaturen von 500 bis 650°
1956, 48 Seiten, 20 Abb., 3 Tabellen, DM 13,—

HEFT 313
Prof. Dr. F. Wever, Dr. W. Koch und Dipl.-Phys. H. Rohde, Düsseldorf
Änderungen des Babitus und der Gitterkonstanten des Zementits in Chromstählen bei verschiedenen Wärmebehandlungen
1956, 76 Seiten, 29 Abb., 8 Tabellen, DM 20,90

HEFT 314
Prof. Dr. F. Wever, Dr.-Ing. A. Krisch, Düsseldorf und Dr.-Ing. H.-J. Wiester, Essen
Veränderungen im Gefügeaufbau von Chrom-Nickel-Molybdän-Stählen bei langzeitiger Beanspruchung im Zeitstandversuch bei 500°
1956, 48 Seiten, 26 Abb., 5 Tabellen, DM 11,70

HEFT 315
Prof. Dr. F. Wever und Dr.-Ing. A. Krisch, Düsseldorf
Metallkundliche Untersuchungen an Zeitstandproben *1956, 38 Seiten, 12 Abb., DM 9,15*

HEFT 336
Dr. Tung-ping Yao, Aachen
Die Viskosität metallischer Schmelzen
1957, 64 Seiten, 28 Abb., 2 Tabellen, DM 14,40

HEFT 342
Prof. Dr.-Ing. H. Winterhager und Dipl.-Ing. W. Barthel, Aachen
Die Gewinnung von Titanschlackenkonzentraten aus eisenreichen Ilemniten
1957, 60 Seiten, 30 Abb., 6 Tabellen, DM 13,30

HEFT 348
Prof. Dr.-Ing. E. Piwowarsky † und Dr.-Ing. E. G. Nickel, Aachen
Metallurgie eines hochwertigen Gußeisens mit kompakter bis kugelförmiger Graphitausbildung
1957, 54 Seiten, 27 Abb., 5 Tabellen, DM 13,30

HEFT 349
Dr.-Ing. W. A. Fischer, Dr.-Ing. H. Treppschuh und Dr.-Ing. K. H. Köthemann, Düsseldorf
Tiegel aus Schmelzmagnesia für Vakuuminduktionsöfen *1957, 34 Seiten, 14 Abb., DM 8,40*

HEFT 367
Dr. rer. nat. D. Horstmann, Düsseldorf
Der Angriff eisengesättigter Zinkschmelzen auf kohlenstoff-, schwefel- und phosphorhaltiges Eisen
1957, 52 Seiten, 22 Abb., 6 Tabellen, DM 12,85

HEFT 392
Prof. Dr. phil. F. Wever, Dr. phil. W. Koch, Düsseldorf, Dr.-Ing. H. Knüppel, Dr. rer. nat. B. A. Steinkopf, Dipl.-Ing. K. E. Mayer und Dipl.-Phys. G. Wiethoff, Dortmund
Untersuchungen über den Konverterrauch im Hinblick auf die spektrale Überwachung des Thomasprozesses
1957, 48 Seiten, 14 Abb., 4 Tabellen, DM 12,10

HEFT 407
Prof. Dr.-Ing. H. Schenk, Aachen und Dr.-Ing. W. Wenzel, Bad Godesberg
Entwicklungsarbeiten auf dem Gebiete der Verhüttung von Erzstaub in Schmelzkammern
1957, 82 Seiten, 9 Abb., 18 Tabellen, DM 17,10

HEFT 408
Prof. Dr. phil. F. Wever, Dr.-Ing. W. Lueg und Dr.-Ing. H. G. Müller, Düsseldorf
Kraft- und Arbeitsbedarf beim Warmscheren von Stahl in Abhängigkeit von Temperatur und Schnittgeschwindigkeit
1957, 46 Seiten, 15 Abb., 3 Tabellen, DM 11,35

HEFT 409
Prof. Dr. phil. F. Wever, Dr. phil. W. Koch, Dr. rer. nat. Ch. Ilschner-Gensch und Dipl.-Phys. H. Rohde, Düsseldorf
Das Auftreten eines kubischen Nitrids in aluminiumlegierten Stählen
1957, 38 Seiten, 12 Abb., 3 Tabellen, DM 10,10

HEFT 410
Prof. Dr. phil. F. Wever, Prof. Dr. rer. techn. A. Kochendörfer, Dr. phil. nat. M. Hempel, Düsseldorf und Dipl.-Phys. E. Hillenhagen, Köln
Biegewechselversuche mit Flachproben aus Alpha-Eisen-Einkristallen zur Bestimmung der Wechselfestigkeit und der Gleitspuren
1957, 112 Seiten, 58 Abb., 3 Tabellen, DM 30,—

HEFT 455
Dr.-Ing. W. A. Fischer, Dr.-Ing. H. Treppschuh und Dipl.-Phys. K. H. Köthemann, Düsseldorf
Erschmelzung von Reinsteisen nach dem Kohlenstoffproduktionsverfahren und Kerbschlagzähigkeit-Temperatur-Kurven dieses Eisens
1957, 38 Seiten, 7 Abb., 6 Tabellen, DM 9,35

HEFT 456
Priv.-Doz. Dir. Dr.-Ing. K. Bungardt, Essen
Zeitstandversuche an austenitischen Stählen und Legierungen
1958, 84 Seiten, 3 Abb., 4 Tabellen, DM 19,85

HEFT 457
Prof. Dr. phil. F. Wever, Düsseldorf und Dr. phil. W. Wepner, Köln
Dämpfungsmessungen an schwach gereckten Eisen-Kohlenstoff-Legierungen
1957, 34 Seiten, 7 Abb., 3 Tabellen, DM 8,40

HEFT 458
Prof. Dr.-Ing. H. Schenk, Dr.-Ing. E. Schmidtmann, Aachen, Dr.-Ing. H. Kosmider, Dr.-Ing. H. Neuhaus und Dr.-Ing. A. Krüger, Haspe
Das Frischen von Thomas-Roheisen mit Sauerstoff-Wasserdampf-Gemischen und die Eigenschaften der damit erblasenen Stähle
1957, 62 Seiten, 56 Abb., DM 16,35

HEFT 459
Prof. Dr. phil. F. Wever, Dr. phil. O. Krisement und H. Schädler, Düsseldorf
Ein isothermes Mikrokalorimeter zur kinetischen Messung von Umwandlungs- und Ausscheidungsvorgängen in Legierungen
1957, 32 Seiten, 14 Abb., DM 10,75

HEFT 460
Prof. Dr. phil. F. Wever und Dr. rer. nat. B. Ilschner, Düsseldorf
Ein isothermes Lösungskalorimeter zur Bestimmung thermo-dynamischer Zustandsgrößen von Legierungen
1957, 32 Seiten, 7 Abb., 4 Tabellen, DM 10,40

HEFT 461
Prof. Dr.-Ing. habil. E. Piwowarsky †,
Prof. Dr.-Ing. W. Patterson und Dipl.-Ing. F. W. Iske, Aachen
Verbesserung der Zähigkeitseigenschaften von Bessemer-Stahlguß
1958, 54 Seiten, 15 Abb., 16 Tabellen, DM 12,75

HEFT 492
Prof. Dr. phil. J. Meixner und Dr. B. Manz, Aachen
Zur Theorie der irreversiblen Prozesse in α-Eisen
1958, 22 Seiten, 1 Abb., DM 5,70

HEFT 519
Prof. Dr. phil. F. Wever, Dr. phil. W. Koch und Dr. phil. S. Eckhard, Düsseldorf
Die spektrographische Bestimmung der Spurenelemente in Stahl ohne vorherige Abbrennung
1958, 36 Seiten, 22 Abb., DM 12,60

HEFT 542
Dr. phil. nat. G. Zapf, Schwelm
Entwicklung eines Verfahrens zur Herstellung von Formteilen aus Sintermessing
1958, 44 Seiten, 23 Abb., 7 Tabellen, DM 15,15

HEFT 552
Dr.-Ing. G. Leiber und Dipl.-Ing. D. Schauwinhold, Duisburg-Hamborn
Versuche zur Erzeugung halbberuhigten Stahles
1958, 28 Seiten, 23 Abb., 6 Tabellen, DM 11,30

HEFT 562
Prof. Dr.-Ing. H. Schenk, Prof. Dr. phil. habil. N. G. Schmahl und Dr.-Ing. G. Funke, Aachen
Die Reduzierbarkeit von Eisenerzen
1958, 102 Seiten, 89 Abb., 10 Tabellen, DM 29,25

HEFT 573
Prof. Dr. phil. F. Wever, Dr. rer. nat. W. Jellinghaus und Dr.-Ing. T. Shuin, Düsseldorf
Gemischt-keramische Sinterwerkstoffe aus Aluminiumoxyd und Eisen oder Eisenlegierungen
1958, 76 Seiten, 39 Abb., 17 Tabellen, DM 22,65

HEFT 586
Dr.-Ing. W. A. Fischer und Dr. rer. nat. A. Hoffmann, Düsseldorf
Verhalten von Eisen- und Stahlschmelzen im Hochvakuum
1958, 42 Seiten, 10 Abb., 13 Tabellen, DM 14,50

HEFT 597
Prof. Dr. phil. F. Wever, Dr. phil. W. Wink und Dr. rer. nat. W. Jellinghaus, Düsseldorf
Suszeptibilitätsmessungen an hochwarmfesten Legierungen auf Nickel-Chrom- und Kobalt-Nickel-Chrom-Grundlage
1958, 34 Seiten, 10 Abb., 5 Tabellen, DM 12,—

HEFT 599
Prof. Dr. phil. W. Koch und Dipl.-Phys. Dr. phil. H. Sundermann, Düsseldorf
Elektrochemische Grundlagen der Isolierung von Gefügebestandteilen in metallischen Werkstoffen
1958, 50 Seiten, 26 Abb., 1 Tabelle, DM 17,60

HEFT 600
Prof. Dr. phil. W. Koch, Dr. phil. S. Eckhard und Dr. rer. nat. F. Stricker, Düsseldorf
Die lichtelektrische Spektralanalyse der Gase im Stahl
1958, 54 Seiten, 27 Abb., 9 Tabellen, DM 15,10

HEFT 620
Dr. rer. nat. D. Horstmann, Düsseldorf
Der Einfluß von Aluminium im Eisen- und im Zinkbad auf den Zinkangriff
1958, 30 Seiten, 17 Abb., 3 Tabellen, DM 9,40

HEFT 628
Dipl.-Ing. W. Panknin und Dipl.-Ing. W. Möhrlin Stuttgart
Die Ermittlung der Fließkurven von Schraubenwerkstoffen
1958, 20 Seiten, 8 Abb., DM 6,40

HEFT 630
Prof. Dr. phil. W. Koch und Dr. techn. Dipl.-Ing. H. Malissa, Düsseldorf
Beiträge zur Spurenanalyse im Reinsteisen
1958, 26 Seiten, 8 Tabellen, DM 7,60

HEFT 644
Prof. Dr.-Ing. F. Bollenrath, Aachen
Untersuchung einiger mechanischer Eigenschaften von Sinteraluminium S. A. P. und S. A. P.-Avional
1958, 24 Seiten, 26 Abb., DM 8,10

HEFT 697
Prof. Dr.-Ing. Theodor Gast, Dr.-Ing. Karl-Max Frhr. v. Meysenbug und Prof. Dr.-Ing. Otto Krischer, Technische Hochschule Darmstadt
Untersuchung über die Erwärmungsvorgänge bei der Verarbeitung härtbarer und thermoplastischer Kunststoffe
1959, 91 Seiten, 71 Abb., mehr. Tabellen. DM 26,90

HEFT 706
Prof. Dr.-Ing. Dr.-Ing. E. h. H. Schenck und Dr.-Ing. H. Esch, Aachen
Zur Untersuchung der Hochofenvorgänge
1959, 32 Seiten, 23 Abb., DM 9,90

HEFT 737
Prof. Dr.-Ing habil. Karl Krekeler, Dr.-Ing. Heinz Peukert und Dipl.-Ing. Josef Eilers, Institut für Kunststoffverarbeitung an der Technischen Hochschule Aachen
Festigkeitsuntersuchungen an Rohren aus Thermoplasten
1959, 66 Seiten, 84 Abb., DM 19,40

HEFT 748
Prof. Dr. phil. nat. habil. H.-E. Schwiete, Dr.-Ing. H. Knoblauch und Dr. rer. nat. G. Ziegler, Aachen
Die Hydratation der Verbindungen 3 CaO · SiO_2 und β-2 CaO · SiO_2
1959, 56 Seiten, 22 Abb., 14 Tabellen, DM 15,70

HEFT 780
Prof. Dr. phil. F. Wever, Düsseldorf
Untersuchungen von Walzölen und Walzölemulsionen im Kaltwalzversuch
1959, 68 Seiten, 28 Abb., mehr. Tabellen, DM 18,50

HEFT 788
Prof. Dr.-Ing. Herwart Opitz, Aachen
Der Einsatz radioaktiver Isotope bei Zerspanungsuntersuchungen
1959, 36 Seiten, 23 Abb., DM 11,30

HEFT 797
Prof. Dr. phil. H. Lange und Dr. rer. nat. R. Kohlhaas, Köln
Über die wahre spezifische Wärme von Eisen, Nickel und Chrom bei hohen Temperaturen
1960, 115 Seiten, 38 Abb., 24 Tabellen, DM 31,20

HEFT 798
Dr. rer. nat. K. Wassmann, Mönchengladbach
Einfluß der Schutzgasatmosphäre auf die Eigenschaften von Sinterstahl
1959, 94 Seiten, 64 Abb., 18 Tabellen, DM 27,—

HEFT 799
Dipl.-Ing. H. Weiss, Frankfurt a. M.
Aufkohlung und Härtung von Sintereisen-Werkstoffen
1960, 61 Seiten, 55 Abb., DM 18,80

HEFT 800
Dipl.-Ing. O. Schindler, Hannover
Untersuchungen an geschweißten Hüttenkranen
1960, 43 Seiten, 13 Abb., DM 13,20

HEFT 801
Baurat Dipl.-Ing. Gesell, Duisburg
Ersatz von Quarzsand als Strahlmittel
1960, 66 Seiten, 12 Abb., 4 Tabellen, 17 Diagramme, DM 18,90

HEFT 833
Prof. Dr.-Ing. H. Winterhager und Dr.-Ing. D. H. Hermes, Aachen
Anodennebenreaktionen bei der Silberraffinationselektrolyse
1960, 55 Seiten, 21 Abb., 10 Tabellen, DM 15,60

HEFT 834
Prof. Dr.-Ing. H. Winterhager und Dr.-Ing. K. Reiprich, Aachen
Der Glänzabbau des Reinstaluminiums in Flußsäure enthaltenden chemischen Glänzbädern
1960, 92 Seiten, 88 Abb., 7 Tabellen, DM 27,30

HEFT 840
Prof. Dr. phil. F. Wever, Dr.-Ing. H. G. Müller und Dr.-Ing. P. Funke, Düsseldorf
Versuchsmäßige und rechnerische Bestimmung von Walzkraft und Drehmoment unter Einwirkung von Bandzugspannungen beim Kaltwalzen von Bandstahl
1960, 36 Seiten, 12 Abb., 3 Tafeln, DM 10,90

HEFT 841
Dr. rer. nat. H. Blanck, Düsseldorf
Untersuchungen zur Kinetik des Martensitzerfalls
1960, 33 Seiten, 11 Abb., 2 Tabellen, DM 10,30

HEFT 849
Dir. L. Martin, Wuppertal-Elberfeld und F. Steiner, Ratingen
Weiterentwicklung von Friktionswerkstoffen
1960, 66 Seiten, 70 Abb., 3 Tabellen, DM 20,50

HEFT 939
Prof. Dr.-Ing. habil. Wilhelm Petersen und Dipl.-Ing. Hans Mingenbach, Dozentur für Brikettierung der Rhein.-Westf. Technischen Hochschule Aachen
Untersuchungen über die Herstellung von Erzbriketts
1961, 84 Seiten, 67 Abb., 2 Tabellen, DM 25,60

HEFT 957
Prof. Dr.-Ing., Dr.-Ing. E. h. Hermann Schenck, Prof. Dr.-Ing. Eugen Schmidtmann und Dr.-Ing. Helmut Brandis, Institut für Eisenhüttenwesen der Rhein.-Westf. Technischen Hochschule Aachen
Mechanische und physikalische Prüfverfahren zur Ermittlung der Vorgänge bei der Abschreck- und Verformungsalterung
1961, 48 Seiten, 34 Abb., DM 14,90

HEFT 958
Prof. Dr.-Ing., Dr.-Ing. E. h. Hermann Schenck, Prof. Dr.-Ing. Eugen Schmidtmann und Dr.-Ing. Heinz Müller, Institut für Eisenhüttenwesen der Rhein.-Westf. Technischen Hochschule Aachen
Untersuchungen zur Isolierung von Einschlüssen und Korngrenzensubstanzen in Eisenwerkstoffen nach dem Dünnschliffverfahren. Innere Oxydation von Eisenlegierungen
1961, 50 Seiten, 33 Abb., 1 Tabelle, DM 15,90

HEFT 961
Prof. Dr.-Ing. Wilhelm Patterson und Dr.-Ing. Dietmar Boenisch, Gießerei-Institut der Rhein.-Westf. Technischen Hochschule Aachen
Eigenschaften und Eigenschaftsänderungen der Tonmineralien in Formsanden
1961, 34 Seiten, 16 Abb., DM 10,90

HEFT 962
Prof. Dr.-Ing. Wilhelm Patterson und Dr.-Ing. Philipp Schneider, Gießerei-Institut der Rhein.-Westf. Technischen Hochschule Aachen
Untersuchungen über die Oberflächenfeingestalt von Gußstücken
1961, 70 Seiten, 52 Abb., 1 Bildtafel, DM 20,80

HEFT 963
Prof. Dr.-Ing. Wilhelm Patterson und Dr.-Ing. Wilhelm Weskamp, Gießerei-Institut der Rhein.-Westf. Technischen Hochschule Aachen
Versuche zur Steigerung der Temperatur in der Schmelzzone des Kupolofens und zur Erzielung eines optimalen thermischen Wirkungsgrades durch Verwendung von HC-Koks in unterschiedlicher Stückgröße
1961, 88 Seiten, 29 Abb., 30 Tabellen, DM 28,30

HEFT 964
Prof. Dr.-Ing. Wilhelm Patterson und Dr.-Ing. Friedrich Iske, Gießerei-Institut der Rhein.-Westf. Technischen Hochschule Aachen
Zusammenhang zwischen den mechanischen Eigenschaften im Gußstück und im getrennt gegossenen Probestab
1961, 82 Seiten, 53 Abb., 13 Tabellen, DM 23,80

HEFT 968
Prof. Dr.-Ing. habil. Anton Königer und Dipl.-Ing. G. Engels, Verein Deutscher Gießereifachleute, Düsseldorf
Zur Kenntnis der Passivierbarkeit und Korrosionsbeständigkeit technischer Eisensorten
1961, 26 Seiten, 7 Abb., 8 Tabellen, DM 8,90

HEFT 969
Prof. Dr. phil. Erich Scheil und Dipl.-Ing. G. Engels, Verein Deutscher Gießereifachleute, Düsseldorf
Über den Zustand von Metallschmelzen
1961, 38 Seiten, 23 Abb., 1 Tabelle, DM 11,90

HEFT 970
Prof. Dr.-Ing. habil. Anton Königer und Dipl.-Ing. G. Engels, Verein Deutscher Gießereifachleute, Düsseldorf
Der Einfluß verschiedener Begleit- und Legierungselemente auf das Viskositätsverhalten von Gußeisenschmelzen
1961, 26 Seiten, 14 Abb., 6 Tabellen, DM 8,60

HEFT 1016
Dr. rer. nat. W. Jellinghaus, Max-Planck-Institut für Eisenforschung, Düsseldorf
Sinterwerkstoffe aus Nickel oder Nickelaluminid mit Aluminiumoxyd
1961, 34 Seiten, 22 Abb., 6 Tab., DM 13,50

HEFT 1057
Prof. Dr.-Ing. H. Schenck, Dr.-Ing. W. Wenzel und Dr.-Ing. H. Dieter Butzmann, Institut für Eisenhüttenwesen der Rhein.-Westf. Technischen Hochschule Aachen
Die Reduktion von Eisenerzen im heterogenen Wirbelbett
1961, 88 Seiten, 32 Abb., DM 28,20

HEFT 1067
Prof. Dr.-Ing. H. Schenck und Dr.-Ing. Kl.-D. Unger, Institut f. Eisenhüttenwesen d. Rhein.-Westf. Technischen Hochschule Aachen
Versuche zur Bestimmung von Verunreinigungen in Metallen insbesondere von Oxyden und Oxydverbindungen in technischen Stählen
1962, 34 Seiten, 10 Abb., 3 Tabellen, DM 13,40

HEFT 1068
Prof. Dr.-Ing. H. Schenck, u. a., Institut f. Eisenhüttenwesen d. Rhein.-Westf. Technischen Hochschule Aachen
Der Einfluß des Schwefels und der Kohlenoxydspaltung auf den Hochofenprozeß
1962, 222 Seiten, 99 Abb., 51 Tabellen, DM 49,50

HEFT 1083
Prof. Dr.-Ing. Franz Bollenrath und Ahmed Ali Salem El-Sabbagh, Institut für Werkstoffkunde der Rhein.-Westf. Technischen Hochschule Aachen
Untersuchungen über die Warmfestigkeit von Hartlötverbindungen
1963, 80 Seiten, 88 Abb., 7 Tab. DM 59,40

HEFT 1092
Prof. Dr.-Ing. habil. Anton Königer † und Dr.-Ing. Manfred Odendahl, Institut für Gießereikunde der Technischen Universität Berlin
Der Einfluß von Oxyden auf die Viskosität von reinen Eisen-Kohlenstoff-Silizium-Legierungen
1962, 23 Seiten, 9 Abb., DM 10,40

HEFT 1093
Dr.-Ing. Wolf Dieter Röpke und Dr.-Ing. Abbas Sabé- Institut für Gießereikunde der Technischen Universität Berlin
Das Fließvermögen und die Warmrißneigung von Stahl mit besonderer Berücksichtigung des Einflusses von hohen Molybdängehalten
1962, 37 Seiten, 21 Abb., 4 Tabellen, DM 17,—

HEFT 1094
Prof. Dr.-Ing. habil. Anton Königer † und Prof. Dr. E. Pfeil, Institut für Gießereikunde der Technischen Universität Berlin
Versuche zur Entwicklung von Korrosions-Prüfmethoden
1962, 23 Seiten, 7 Abb., 3 Tabellen, DM 10,80

HEFT 1113
Dr. rer. nat. Wolfgang Pitsch, Max-Planck-Institut für Eisenforschung, Düsseldorf
Die kristallographischen Eigenschaften der Nitridausscheidungen im α–Eisen
1962, 21 Seiten, 8 Abb., 3 Tab., DM 11,—

HEFT 1114
Dr. phil. Siegfried Eckhard und Dipl.-Phys. Walter Baum, Max-Planck-Institut für Eisenforschung, Düsseldorf
Über ein physikalisches Verfahren zur Bestimmung des Wasserstoffs im ternären Gemisch mit Stickstoff und Kohlenmonoxyd
1962, 63 Seiten, 31 Abb., DM 39,80

HEFT 1122
Prof. Dr.-Ing. Dr.-Ing. E. h. Hermann Schenck, Dozent Dr.-Ing. Werner Wenzel und Dipl.-Ing. Günther Dietrich, Institut für Eisenhüttenwesen der Rhein.-Westf. Technischen Hochschule Aachen
Reaktionskinetische Betrachtung des Sintervorganges und Möglichkeiten zur Leistungssteigerung (Entwicklung eines Schachtsinterverfahrens)
1962, 93 Seiten, 24 Abb., 5 Tabellen, DM 44,50

HEFT 1158

Dr.-Ing. habil. Alfred Krisch, Max-Planck-Institut für Eisenforschung in Düsseldorf

Über die Extrapolation von Zeitstandversuchen

1963, 31 Seiten, 13 Abb., 2 Tab., DM 17,50

HEFT 1190

Prof. Dr.-Ing. Max Vater und Dipl.-Ing. Otto Schulte, Institut für Bildsame Formgebung der Rhein.-Westf. Technischen Hochschule Aachen

Die Formänderungsfestigkeit von Metallen

In Vorbereitung

HEFT 1191

Prof. Dr.-Ing. habil. Anton Königer †, Dr.-Ing. Manfred Odendahl und Eberhard Pahl, Institut für Gießereikunde der Technischen Universität Berlin

Über die Bildsamkeit von tongebundenen Formsanden

HEFT 1192

Dr.-Ing. Peter R. Sahm, Institut für Gießereikunde der Technischen Universität Berlin

Das Fließvermögen reiner und sauerstoffhaltiger Kupferschmelzen

In Vorbereitung

HEFT 1193

Prof. Dr.-Ing. Helmut Winterhager und Dr.-Ing. Reinhard K. Buchner, Institut für Metallhüttenwesen und Elektrometallurgie an der Rhein.-Westf. Technischen Hochschule Aachen

Beitrag zum experimentellen Problem der Messung schneller Elektrodenvorgänge

In Vorbereitung

HEFT 1194

Dr. rer. nat. Werner Jellinghaus, Max-Planck-Institut für Eisenforschung, Düsseldorf

Beiträge zur Konstitution metallischer Stoffe durch Suszeptibilitätsmessungen

Verzeichnisse der Forschungsberichte aus folgenden Gebieten können beim Verlag angefordert werden: Acetylen/Schweißtechnik – Arbeitswissenschaft – Bau/Steine/Erden – Bauwirtschaft – Bergbau – Biologie – Chemie – Eisenverarbeitende Industrie – Elektrotechnik/Optik – Energiewirtschaft – Fahrzeugbau/Gasmotoren – Farbe/Papier/Photographie – Fertigung – Funktechnik/Astronomie – Gaswirtschaft – Holzbearbeitung – Hüttenwesen/Werkstoffkunde – Kunststoffe – Luftfahrt/Flugwissenschaften – Luftreinhaltung – Maschinenbau – Mathematik – Medizin/Pharmakologie/NE-Metalle – Physik – Rationalisierung – Schall/Ultraschall – Schiffahrt – Textiltechnik/Faserforschung/Wäschereiforschung – Turbinen – Verkehr – Wirtschaftswissenschaft.

WESTDEUTSCHER VERLAG · KÖLN UND OPLADEN

567 Opladen/Rhld., Ophovener Straße 1-3

GPSR Compliance
The European Union's (EU) General Product Safety Regulation (GPSR) is a set of rules that requires consumer products to be safe and our obligations to ensure this.

If you have any concerns about our products, you can contact us on

ProductSafety@springernature.com

In case Publisher is established outside the EU, the EU authorized representative is:

Springer Nature Customer Service Center GmbH
Europaplatz 3
69115 Heidelberg, Germany

www.ingramcontent.com/pod-product-compliance
Ingram Content Group UK Ltd.
Pitfield, Milton Keynes, MK11 3LW, UK
UKHW061658190726
13853UKWH00008B/2280

* 9 7 8 3 6 6 3 0 6 4 3 1 2 *